지형학 입문

지형과 그 형성 과정

Introducing Geomorphology – A Guide to Landforms and Processes is published
by arrangement with Dunedin Academic Press Limited, Edinburgh, Scotland.
© Adrian Harvey

INTRODUCING
GEOMORPHOLOGY
A GUIDE TO LANDFORMS AND PROCESSES

지형학 입문 · 지형과 그 형성 과정

초판 1쇄 발행 **2015년 6월 24일**

지은이 **에이드리언 하비**
옮긴이 **이민부**

펴낸이 **김선기**
펴낸곳 **(주)푸른길**
출판등록 **1996년 4월 12일 제16-1292호**
주소 **(152-847) 서울특별시 구로구 디지털로 33길 48 대륭포스트타워 7차 1008호**
전화 **02-523-2907, 6942-9570~2**
팩스 **02-523-2951**
이메일 **purungilbook@naver.com**
홈페이지 **www.purungil.co.kr**

ISBN **978-89-6291-287-6 93980**

• 이 도서의 국립중앙도서관 출판시도서목록(CIP)은 서지정보유통지원시스템 홈페이지(http://seoji.nl.go.kr)와
국가자료공동목록시스템(http://www.nl.go.kr/kolisnet)에서 이용하실 수 있습니다.(CIP제어번호 : CIP2015015969)

INTRODUCING
GEOMORPHOLOGY
A GUIDE TO LANDFORMS AND PROCESSES

지형학 입문
지형과 그 형성 과정

에이드리언 하비 지음 | 이민부 옮김

푸른길

본서는 입문서(introducing, guide)라는 이름을 달고 있다. 이에 걸맞게 주요 핵심 용어와 그에 대한 간결한 정의, 그리고 사진과 개념도를 결합하고 있으며, 분량도 비교적 적은 편이다. 책의 말미에는 용어해설도 실려 있다. 그럼에도 분량에 비해서 내용의 심도가 떨어지지는 않는다. 이를 바탕으로 더 많은 지형적 논의를 할 수 있는 현존의 사례들을 많이 제시한다.

저자 에이드리언 하비는 지형학자로서 오랫동안 리버풀 대학교의 지리학 및 계획학과에서 강의와 연구를 하다 은퇴하고 현재는 객원교수로 있다. 그는 저명 지형학회지 편집인 등을 역임하면서 지형학에 대한 오랜 경험들을 간결하게 전달하고자 하는 뜻을 담아 본서를 출판하였다. 그는 가장 오래된 이론과 최신 이론들에 대한 기본 개념을 소개하고, 그 장단점을 객관적으로 설명하고자 했다. 독자들은 이 부분에 대해 더 음미하면서 현재 우리 주위의 지형 경관과 지형 연구에 어떻게 적용할 수 있는지를 살펴볼 수 있을 것이다.

본서는 저자가 서문에서 밝히는 것처럼 강의 교재도 아니며, 전문서 수준의 지형학서도 아닌 독특한 형태이다. 과학으로서의 지형학과 지형학 방법론으로서의 통찰이 함께한다는 느낌이다. 또한 참고문헌이 없다. 더 읽을거리를 소개하는 정도이다. 이러한 책의 특성으로 교재와 학술서의 교량 기능을 한다고 볼 수 있다. 특별히 마지막 장에서는 지형학의 미래와 미래로 나아갈 방안을 제시하고 있다. 지리학을 넘어서 사회와 환경, 지역과 공학에까지도 지형학이 진출하고 있다고 본다.

본서는 단순한 지형 관찰과 논문 작업을 넘어서 현재 지형의 형성 과정에 대한 깊은 이해를 강조하고 있다. 따라서 대학 교재로서의 입문서보다는 핵심 지형학 개념에 대한 체계적인 이해와 구체적인 지역과 장소에서의 사례 분석, 그리고 도해적 개념도 제시를 통한 지형 분석과 지형 연구에 대한 입문을 안내하는 기능을 하고 있다는 생각이다. 독자가 누구든 이 책이 지형학 이해에 유용한 입문 혹은 통찰이 될 것으로 기대한다. 본 역서 출간을 맡아 준 푸른길과 세심한 편집으로 많은 도움을 준 박미예 선생께 감사드린다.

많은 사람들이 풍경(scenery)을 즐기며, 아름다운 경관(landscapes)을 인식한다. 경관은 화가와 사진작가, 나아가 시인과 작곡가 들에게 영감을 주었다. 풍광은 사람들에게 어떻게 영감을 줄까? 어떤 이들에게 풍광은 '자연적' 식생 피복이고, 또 다른 이들에게는 기상 혹은 대기 조건에 의해 만들어지는 분위기와 연관되기도 한다. 대부분의 사람들에게 '풍경'의 기반은 물리적 경관(산지, 구릉, 암반, 하천, 바다)이다. 지형학은 지형과 물리적 경관을 다루는 과학이다. 하나의 학문으로서 지형학은 전통적으로 자연지리학과 지질학의 중간에 자리하고 있어, 두 영역 모두에서 발현되기도 하고, 두 영역 모두에 기여하기도 한다.

본서의 목적은 이러한 지형과학을 독자들에게 소개하는 것이다. 이 책은 교재에 염두를 둔 것이 아니다. 여러 교육과정 수준에서 교재들은 이미 많이 나와 있다. 필자는 본문에서 참고문헌을 다루지 않는다. 그러나 책의 말미에 더 읽을거리를 제시하고 있다. 주제의 개념적 기초에 대해 폭넓으면서도 어느 정도는 종합적인 견해를 기술하고자 노력했다. 수학적인 처리는 피하고, 최소한의 수준에서 물리학과 화학적 내용을 언급하고자 한다.

지형학은 필연적으로 매우 광범위한 공간 범위를 가진다. 즉 전 지구적 규모(대륙과 산계)에서 지역적 규모(개별 산지와 산맥, 하천 유역)와 국지적 규모(일상적인 풍경: 하천, 산지, 해빈, 빙하)에 이르기까지 광범위하다. 부분적으로 공간 규모(spatial scale)는 시간 규모(time scale)와 연관된다. 시간 규모는 지질학적 시간(몇 백만 년), 빙하기 시간(50만 년에서 수천 년), 현대 시간(지난 1만 년), 그리고 개별 사건의 시간 범위(예를 들면, 산사태와 홍수는 몇 시간에서 며칠 정도) 등이 있다. 지표면의 형태는, 모든 공간 규모에서, 두 가지 힘이 서로 상호작용한 결과이다. 바로 내인적인 힘(근본적으로 지질학적인 동인)과 외인적인 힘(근본적으로 기후적인 동인)이다.

본서는 공간 및 시간 규모와 연관된 개념들을 소개하고, 지형 발달에 있어서 두 가지 동인들(내인적 힘과 외인적 힘)을 소개하는 방식으로, '하향식'으로 조직되어 있다. 물질의 부피는 공간적인 규모에 의해 조직되는데, 먼저 전 지구적 규모와 지역적인 규모를 살펴보고, 다음으로 국지적 범위와 (어느 정도에서는) 미세 범위를 다룬다. 마지막 두 장에서는 시간 규모와 경관 진화의 통합, 인간 사회와 지형학 간의 상호작용을 다룬다.

:: 감사의 글

본서를 집필하는 데 있어 더니딘 출판사(Dunedin Academic Press)의 지원과 격려에 감사드린다. 리버풀 대학교의 환경과학부(전 지리학과) 스텝들에게는 연구 생활 내내 신세를 졌다. 특별히 지도학 팀장인 샌드라 마더(Sandra Mother)에게 큰 감사를 드린다. 그녀는 지도와 그림 준비에 있어서 상세한 부분까지 끝없는 관심을 보여 주었다. 나의 가족들에게도 감사한다. 나의 아들 마이클(Michael)은 표지의 배경 사진을 제공했다. 구글어스에서 내려 받은 이미지들을 제외하면, 좋든 나쁘든 나의 것이다. 마지막으로 나의 아내 카리나(Karina)에게 감사한다. 그녀는 나의 집필 스타일에 대해 건설적인 비판을 해 주었다. 특히 이 책을 만드는 동안 보여 준 그녀의 인내와 이해심에 감사를 표한다.

:: 차례

Chapter 03　지역 규모의 지형학

Chapter 04　국지적 규모의 지형학 − 형성 과정 체계와 지형

Chapter 05   시간 규모와 지형 진화

Chapter 06 지형학과 사회와의 상호작용

:: **그림과 표 차례**

일러두기

본문에서 유의해야 할 용어는 자주색으로 구분하였으며, 책의 말미에 수록된 '용어해설'에서 정의를 기술하였습니다.

Chapter 01

지형학 입문

본 장에서는 지형의 공간적·시간적 규모와 관련된 기본적인 개념과 지형 진화를 유도하는 일차적인 힘들에 대한 기초적인 배경(지질학적인 내부의 힘과 기후적인 외부의 힘)을 소개하고자 한다.

1.1 '지형'의 의미는 무엇인가?

지형학은 지표면의 지형에 대한 과학적인 연구를 말한다. 지형은, 예를 들면, 지표의 주요 평야, 대지와 산지 등의 규모에서부터 해빈 혹은 하상퇴(river bank)까지를 모두 포함한다. 다양한 규모의 지형들은 이보다 큰 하나의 규모 내에서 포섭되어 상호작용을 한다. 예를 들면, 산맥 체계 내에서 여러 개별적인 산릉과 곡지 체계가 나타난다. 곡지 체계에는 곡지 측사면과 하도가 포함된다. 하천 체계에는 사력퇴(gravel and sand bar)가 들어 있다. 지형과 그 형성 과정 연구는 필연적으로 어떤 범위의 공간과 시간을 가진다. 지형 형성 작용은 기복 자체와 함께 침식과 퇴적에 의한 변형을 포함한다. 시간 규모는 침식 작용이 일어나는 단기간에서부터 지구사(Earth History) 규모에 이르기까지 다양하다. 공간 규모는 지표면 기복과 해저면과 같은 전 지구적 분포에서부터 개별 산지 사면 혹은 하도와 같은 지역적 범위까지 다양하다.

과학으로서 지형학은 자연환경을 연구하는 자연지리학과, 지구의 지각을 연구하는 지질학 사이에 놓인 전통 있는 학문이다. 지표면은 자연환경의 일부이므로, 지형학은 환경 체계를 다루는 자연과학과 상호작용을 한다. 이러한 자연과학에는 기후학, 수문학, 토양학, 생태학 등이 있다. 물론 지각을 다루는 지구조학(tectonics)과 구조지질학, 지표면 침식의 산물인 퇴적물의 특성을 다루는 퇴적학, 그리고 지구사를 측정하는 층서학 등과 같은 지질학의 세부 영역들과도 연관을 가진다.

지질학과 환경 간의 이러한 접점은 지형학 연구와 관련하여 공간 및 시간 규모에 영향을 미친다. 간단히 말하면, 내인적(지질학적) 힘은 일반적으로 대규모의 공간과 장시간에 걸쳐서 작용한다. 이들은 지각 변형에 의한 지표면의 총체적 혹은 유효 기복(available relief)을 만들어 낸다. 외인적 힘은 궁극적으로 기후의 지배를 받는 것으로, 침식과 퇴적 작용을 통해 이러한 지표면을 변형시킨다. 이러한 외인적 작용은 '퇴적물 계단(sediment cascade)'으로 기술되며, 이러한 과정을 거쳐 보다 정밀한 지형이 만들어지면서 지형학 연구의 핵심을 이룬다.

1.2 공간 규모의 의미

지형학은 전 지구적 및 대륙 규모에서 지표면의 주요 형태를 다룬다(예를 들면, 대륙, 산지 체계). 지역 규모에서는 중간 규모의 형태를 다룬다(예를 들면, 개별 산지 및 산릉 체계, 하천 분지). 국지적인 규모에서는 개별적인 일상적 '풍경'을 다루며(예를 들면, 하천, 산지 사면, 해빈, 빙하), 미세 규모에서는 지표면 자체와 구성 물질의 세밀한 부분을 다룬다(예를 들면, 풍화 현상, 상세한 퇴적상).

본서는 이러한 주제들로 이루어져 있으며, 전 지구적 규모, 지역적 규모를 주로 다루면서 동시에 국지적 규모, 미세 규모도 함께 살펴보고자 한다. 그림 1.1은 다양한 지형들이 어떻게 다양한 규모에서 나타나는가를 보여 준다. 캐나다 서부를 촬영한 구글어스 위성 이미지에서는(그림 1.1A) 전 지구적/대륙적 규모와 관련된 지형들이 분명하게 나타난다. 로키 산맥의 북북서−남남동 배열 구조가 서쪽의 이미지를 뚜렷하게 만들어 준다. 이러한 구조는 해양의 태평양판과 수렴하는 북아메리카판의 판구조론 상황과 연관되어 있다. 대조적으로 캐나다 프레리(prairie)는 훨씬 단일한 지표면을 나타내며, 지각 형성에서 보다 안정된 지대임을 보여 준다. 지질적 형태에 더하여, 식생 피복은 주요 대륙 규모의 기후적 대조성을 보여 준다. 남쪽의 프레리 초원은 보다 북쪽의 삼림과 대조를 이루고, 또한 로키 산맥에서의 삼림 지대와도 대조를 이룬다. 규모를 줄여서 로키 산맥의 주요 계곡들을 살펴보면(그림 1.1B), 주요 산계들 및 서스캐처원(Saskatchewan) 강과 보(Bow) 강의 북북서−남남동 배열이 뚜렷하게 나타나지만, 산지 사면도 사진에 잘 나타나고 있다. 국지적인 규모로 내려오면(그림 1.1C), 망류 하천 하도의 특징이 뚜렷하게 나타난다.

1.3 시간 규모의 의미

그림 1.1에서 제시된 세 가지 공간 규모는 서로 다른 시간 규모와 연관된다. 로키 산계를 형성한 지질학적 과정은 3000만 년에서 5000만 년 전 사이에 이루어진 것이지만, 산맥 체계를 형성한 지구조적(tectonic) 융기는 대략 1000만 년 전 정도에 일어난 것이다. 두 번째 관점은 지난 50만 년 동안 주기적으로 빙상에 덮였던 경관을 찾는 것이다. 거대한 계곡 빙하는 주요 계곡을 더욱 깊게 만들었다. 오늘날 로키 산맥의 소형 빙하들은 불과 8,000년에서 1만 년 전에 녹아내린 거대한 빙하의 작은

그림 1.1 지형학의 사례: 캐나다 로키 산맥을 사례로

A. 대륙 규모: 로키 산맥과 인접한 캐나다 프레리 지역의 구글어스 이미지. 이미지에서 나타나는 물리적인 형태의 발달과 관련된 시간 규모는 몇 백만 년 정도에 해당한다. 구조적으로 복잡한 로키 산지 체계와 구조적으로 안정된 지역인 동부 지역 간의 대조성이 잘 드러난다. 동부 지역의 평원은 거의 수평적인 기반암을 지니고 있다. 또한 위성 이미지에서 남부 프레리 초원과 북부와 서부 산지의 삼림 간의 뚜렷한 대조도 잘 드러난다.

B. 로키 산맥 내의 보 계곡을 따라 남쪽을 바라보는 지역(경관적) 규모의 사진. 이 규모에서는 주요 계곡의 직선적인 배열이 선명하게 나타나고, 마찬가지로 서쪽으로는 산지 지형이 잘 나타난다. 산지를 형성하는 퇴적암의 서향 경사도 분명하고, 기반암 산지와 기저부의 애추 암설에서는 빙식 지형도 잘 나타난다. 사진에서 확인되는 지형의 발달과 관련되는 시간 규모는 수만 년 정도에 해당한다.

C. 캐나다 로키 산맥 내에 있는 북 서스캐처원 강의 망상 하도의 하상을 상세히 보여 주고 있다. 하천 유역 내의 빙설수에 의해 발생하는 부유하중으로 인해 하천수의 색깔은 우윳빛을 띠고 있다. 하상에는 자갈퇴(gravel bar)도 보인다. 이 하천은 약 8,000년 전에 만들어졌고, 최소한 매년 발생하는 빙설수에 의한 홍수로 변형되면서 세부적인 지형이 만들어지고 있다.

영년	대	기		연대 (대략 백만 년)
현생	신생대 (제3기)	제4기	홀로세	0.01
			플라이스토세	2
		신신기	플라이오세	6
			마이오세	25
		고신기	올리고세	40
			에오세	65
	중생대	백악기		135
		쥐라기		200
		트라이아스기		240
	고생대 (후기)	페름기		280
		석탄기		370
		데본기		415
	고생대 (전기)	실루리아기		445
		오르도비스기		515
		캄브리아기		590
(선캄브리아기) 원생대 시생대				2500 4000

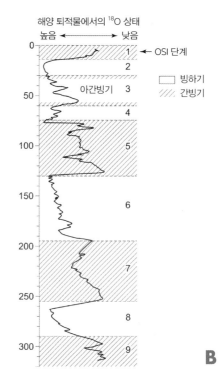

그림 1.2 지질학적 시간 규모

A. (좌) 지질학적 시간 규모. **B.** (우) 지난 30만 년간 제4기 시간 규모: 해양 퇴적물에 포함된 유공충에서 나온 산소 동위원소 기록에 기초한다. 단계들은 OIS(Oxygen Isotope Stages, 산소 동위원소 단계)에 따라 구분되었으며, 최근에는 MIS(Marine Isotope Stages, 해양 기원 동위원소 단계)로 변경되었다.

흔적들이다. 세 번째 관점은 불과 8,000년 전부터 존재한 하천이다. 현재 하천의 세부적인 형태는 매년 여름철의 폭우나 봄철의 빙설수에 의한 홍수로 인해 변형된 결과이다.

이렇게 다양한 시간 범위를 파악하기 위해서는 지질시대에 대해 어느 정도 알 필요가 있는데, 특히 지난 200만 년 정도를 알아야 한다. 지구의 탄생은 대략 40억 년 전으로 거슬러 올라간다. 이렇게 오래된 시대의 연대는 지각 암석에 포함된 방사능 물질의 붕괴율을 바탕으로 결정된다. 지질시대 후반부의 15%[현생(Phanerozoic) 영년; 그림 1.2A 참조]는 화석 증거에 기반하여 대(era), 기(period) 등으로 구분되는데, 이것은 지구의 생물체 진화와 연관된다. 지표면의 지형은 지질시대에 비하면 매우 젊다. 현재 지형의 대부분은 지난 160만 년 이후 혹은 제4기(플라이스토세와 홀로세; 그림 1.2B) 동안에 형성된 것이다. 산지에 적용되는 현재의 알파인(Alpine) 체계는 대략 중생대 중기(약 2500만 년 전)까지 올라가고, 대륙과 해양저의 현재 형상은 신생대 초기(약 6500만 년 전)까지 올라간다. 오스트레일리아와 아프리카의 일부에서만 중생대 지형 패턴이 상당한 규모로 인지된다. 보다 오래된 산지 체계는 구조적인 패턴을 통해서 인지할 수 있는데, 어느 정도까지는 모든 대륙의 기복도 인지된다. 지형학자들이 가장 관심을 가지는 시기는 제4기(그림 1.2B)이다.

제4기 구분의 현대적 기반은 기후이다. 지난 160만 년 동안 여러 차례 기후 진동이 있었다. 간빙기 조건(현재와 유사한)은 전 지구적인 빙하기와 교대해 왔다. 빙하기의 전 지구적 기온 저하는 영구적인 빙상을 가진 그린란드와 남극를 비롯하여 북반구 대륙의 대부분을 빙상으로 덮었다. 이러한 진동은 지구 궤도의 주기적인 변화에 기인한다[밀란코비치 순환(Milankovitch cycles): 이 현상을 발견한 세르비아의 수학자의 이름에서 유래]. 이 현상은 2장에서 다룰 것이다. 여기서는 제4기 연대학(chronology)의 현대적인 기초를 다룬다. 연대학은 해저 퇴적물과 그린란드 및 남극의 빙하에 내포된 산소 동위원소 기록에 바탕을 둔다. 산소의 두 가지 동위원소(^{16}O과 ^{18}O)는 증발에 있어 서로 다른 기온 관련 포텐셜을 가진다. 여기서 지구 기온과 해수 증감으로 야기되는 지구의 빙하기/간빙기 순환의 결과로, 각 동위원소의 대기 집적이 강화되면 해수 집적은 감소하고, 마찬가지로 대기에서 감소되면 해수에서는 증가한다. 따라서 유공충 조가비(소형 해양 원생동물)나 빙하빙 결정질에 들어 있는 탄산칼슘($CaCO_3$)에 보존된 산소 동위원소의 비율은 지구의 빙하기/간빙기 순환에 따라 다양하게 나타난다. 그림 1.2B는 해양 기록에서 유래된 제4기 중기와 말기의 지난 30만 년 동안의 동위원소 기록들을 요약하고 있다. 온난한 간빙기 혹은 조금 온난한 아간빙기들은 현대의 홀로세(산소 동위원소 단계 1, OIS 1)를 기준으로 홀수가 부여되며, 오래될수록 숫자가 증가한다. OIS 3은 아간빙기로 지금보다는 덜 온난했고, 마지막 대형 간빙기(OIS 5)는 12만 5000년에서 9만 년까지 유지되었다. 이 기간에는 플라이스토세의 한랭한 빙하기 국면이 나타난다. 지난 최종 빙기는 OIS 2로 짝수가 부여된다. OIS 2와 함께 보다 오래된 OIS 6과 OIS 8 동안의 빙하 현상은 특히 지형학에서 중요하게 다루어진다(본문 1.4 참조). 산소 동위원소 기반의 연대기와 연대 표기는 북유럽과 미국 지역에서 빙하기 단계를 결정하는 데 사용된 기존의 용어인 알파인을 대체하고 있다. 제4기 연대학에 대한 현대의 접근 방법은 국지적 혹은 불완전한 층서학적 단계보다는 전 지구적 기후 단계에 기반을 두고 있다.

지난 1만 년 동안(홀로세: OIS 1)은 최종 빙기(OIS 2) 환경에서 경관에 대한 영향을 변화시키는 데 중요한 시기였다. 이 시기는 또 다른 이유로도 중요하다. 홀로세의 후반부에는 경관에 대한 인류의 영향력이 증가했다. 이 기간 동안 자연 경관은 인류의 거주와 농업 발달에 따라 엄청나게 변화되었다. 지형 변화의 증거는 식생 변화의 증거와 인류 사회의 발달에 대한 고고학적 증거와 잘 연계된다. 지난 200년 동안 지형 체계에 대한 인간의 영향은 엄청나게 증가했다. 인간은 간접적으로는 지표면의 여러 구성 성분에 대한 전방위적 변화를 통해, 그리고 직접적으로는 퇴적물 계단에서의 공학적인 간섭을 통하여 지형 경관을 엄청나게 변형시켰다. 5장에서 보다 상세하게 지형 변화에 대한 시간 규모를 다룰 것이고, 6장에서는 지형학적 측면에서 인간의 영향을 다룰 것이다.

지형 형성 과정을 이해하는 데 있어 중요한 시간 규모에 대한 또 다른 접근법이 있다(4장). 각각의 지형적 사건의 영향력(특히 홍수, 산사태)은 그 희소성에 비례하여 커지는 경향이 있다. 예를 들면, 100년 주기의 홍수[100년 재현 주기(recurrence interval)]는 5년 주기의 홍수에 비해 침식 변화에 대한 영향이 훨씬 클 것이다. 그러나 20번의 5년 주기 홍수와 한 번의 100년 주기 홍수를 비교한다면, 5년 단위 홍수의 누적 효과가 더 클 것이다. 이러한 개념은 강도와 빈도 개념(magnitude and frequency concept)으로 불리는데, 1960년대 고든 울먼과 존 밀러(Gordon Wolman and John Miller; 그림 1.3)의 고전적인 연구에서 발전한 개념이다. 이들은 활성 경관에서 지형 작용 발생(침식, 운반, 퇴적)의 가장 큰 누적량은 적절한 강도와 빈도를 가진 사건들에 의해서 수행된다고 주장했다. 활성적 지형은, 특히 하천 체계에서, 침식과 운반에 의해 이러한 사건들에 적응하려는 경향을 가진다. 예를

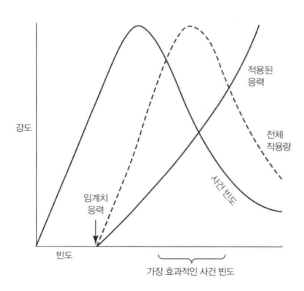

그림 1.3 사건의 강도/빈도와 지형 작용 발생 간의 관계(울먼과 밀러의 고전적인 연구에서 변형함)

지형학 입문

들면, 하천 유로는(4장 참조) 이러한 적절한 사건들과 연관된 규모로 침식과 퇴적 간의 균형에 의해 유지되는 경향을 보여 준다.

이러한 개념의 발전에는 특히 중요한 두 가지 연구가 있었다. 그것은 데니스 브런즈든과 존 손즈 (Dennis Brunsden and John Thornes)에 의한 지형 민감도(goemorphic sensitivity) 개념과 스탠리 슘 (Stanley Schumm)에 의한 지형 임계치(geomorphic threshold) 개념이다. 주요 교란 사건(예를 들면, 대홍수)에서의 회복이 교란 사건의 빈도와 관련하여 오랫동안 계속되면 경관 혹은 지형 체계는 민감하다고 여겨진다. 이러한 경관에서는 지형 체계가 어떤 교란 사건에서 회복되기 전에 다시 새로운 사건이 일어날 확률이 상대적으로 높다는 것을 의미한다. 예를 들면, 사면이 침식된 후에 재식생화가 늦게 이루어지는 경우이다. 반면에 교란으로부터 회복이 빠르면 지형 체계가 강건하다고 본다.

보다 큰 규모에서 경관은 어떤 단계에서 다른 단계로 갑작스럽고도 급격한 변화를 보이기도 한다. 예를 들면, 안정된 사면이 우곡이 심한 사면으로, 곡류 하천이 망류 하천으로 급격하게 변화하는 경우이다. 이러한 경관들은 지형 임계치를 넘은 것이다. 지형 임계치는 내인적인 속성과 연관되기도 하고, 외인적인 응력에 의해 수반되기도 한다. 예를 들면, 지구조적 변화, 기후변화, 인간 간섭에 의한 변화 등이 있다. 연구에 있어 한 가지 문제점은 외인적으로 유도된 임계치와 내인적으로 기인된 임계치를 어떻게 구분할 것인가이다. 이러한 문제는 지형 체계에 대한 임계치 연관 변화에 대한 복합반응(complex response)으로 더욱 악화된다. 강건한 경관은 이러한 응력에 보다 잘 견디지만, 민감한 경관은 외인적으로 작용하는 임계치 변화에 보다 취약하다. 최근의 연구들은 지구온난화에 따른 변화에 특히 취약한 경관들을 인지하기 위해 노력하고 있다.

1.4 기본 동력의 의미

지구 상의 지형들은 내인적(지질적인 동인) 동력과 외인적 동력(기후적인 동인)의 상호작용의 결과이다. 지표면 지형들의 대부분은 지표면에 가해지는 기후적인 동인에 의한 침식과 퇴적 과정의 결과지만, 지구의 구조와 조직은 지질적인 내인적 과정의 결과이기도 하다.

1.4.1 내인적(지질적) 동력

지구를 이해하는 데 있어 커다란 발전은 1960년대 말과 1970년대에 걸쳐 판구조론 개념을 통해 일어났다. 이 모형에서 지구의 지각은 상대적으로 안정된 단단한 판(암석권)과 이들을 분리시키는 덜 안정된 판의 경계 지대로 구성된다고 본다.

지각은 그 아래 맨틀보다도 가벼우며, 지각평형(isostatic equilibrium) 상태로 얹혀 있다. 달리 표현하면, 지각은 두께와 밀도에 비례하여 고도를 유지하는 것이다. 지각은 두 가지의 종류로 이루어져 있다. 그 하나는 보다 가볍고 두꺼운 대륙지각으로 주로 화강암으로 구성되어 있고, 또 다른 하나는 보다 밀도가 높고 얇은 해양지각으로 주로 현무암으로 이루어져 있다. 따라서 대륙은 해양저보다 높은 고도에 위치하는 것이다. 대부분의 암석판들은 해양과 대륙 영역 모두를 포함한다.

판 경계대(plate boundary)는 건설적 경계대, 파괴적 경계대, 보존적 경계대의 세 종류로 나뉜다. 지각 아래에 있는 맨틀(연약대)은 대류 작용에 의한 열전도와 느린 흐름에 의한 변형이 이루어지는 압력 융해점(pressure melting point)에 바로 근접해 있다. 상부 맨틀에서의 대류 작용은 부분적으로 상부 맨틀의 암석(감람암)을 녹이는 상향적 열전도를 가지는 선형적 지대를 형성하면서, 상부 지각으로 현무암 용암을 분출한다. 이러한 분출 지대를 건설적 판 경계대(constructive plate boundaries)라고 하며, 현무암 용암 분출로 새로운 지각을 형성한다. 이들은 두 개의 지구조 판을 가르는 중앙 해령(mid-oceanic ridges)을 형성한다. 현무암 용암이 각 판의 내부 경계에 더해지면서, 새로운 해양지각을 만들게 되고, 해저 확장으로 알려진 작용으로 해저 분지(해분)를 넓히는 역할을 한다(그림 1.4A). 이러한 작용은 천천히 이루어진다. 예를 들면, 현재의 북대서양은 지난 7000만 년에 걸쳐 발달한 것이다. 이러한 과정 초기에 지각 열곡 현상(crust rifting)이 일어났다. 홍해의 열곡 체계는 아프리카판과 아라비아판을 분리시키는 전초이다. 중앙해령과 열곡 지대는 화산 활동 영역이 된다.

해저 분지가 해저 확장에 의해 성장하는 시기와 동시에, 그 반대편의 판 경계는 이웃한 판과의 수렴 작용으로 압축 작용이 일어난다. 이러한 유형의 판 경계대는 파괴적 판 경계대(destructive plate boundary)로 불린다. 이들은 궁극적으로 지각을 파괴하여 상부 맨틀로 흡수시키기 때문이다. 여기에는 세 가지 종류의 수렴(파괴) 판 경계대가 있다. 첫째, 두 개의 해양판이 만나면서 보다 활동적인 판이 다른 판 아래로 들어가는 것이다(그림 1.4B). 둘째, 해양판과 대륙판이 만나 보다 두터운 대륙지각으로 발전하는 것이다(그림 1.4C). 보다 얇고 밀도가 높은 해양판은 대륙판 아래로 밀려 내려간다.

이러한 과정은 섭입(subduction)이라고 한다. 아래로 밀린 판은 부분적으로 용융되면서 지표면으로 화산 작용을 유발한다. 셋째, 두 개의 대륙판이 충돌하는 것이다(그림 1.4D). 이들은 모두 두터운 대륙지각으로서 충돌에 의해 더욱 두터워지면서, 어느 정도는 섭입이 일어나기도 한다. 그러나 압축적인 지구조적 힘에 의해 판의 상호 간에 습곡과 스러스트 현상이 일어난다.

파괴적 판 경계대는 대규모 지형으로 잘 드러난다(그림 1.5). 이 지대의 해양지각은 깊은 해구와 화산열도의 특징을 지닌다. 지각 증강 지대는 지각평형적 융기를 하면서 조산 체계를 형성한다. 대륙 변경 경계대는 '젊은 습곡대'라고 불리는 지구의 일부 주요 조산대와 일치한다. 이들 조산대는 대략 태평양을 감싸는 형태로 나타난다. 대륙판 간 충돌대는 가장 많은 지각 증강과 지각평형적 융기를

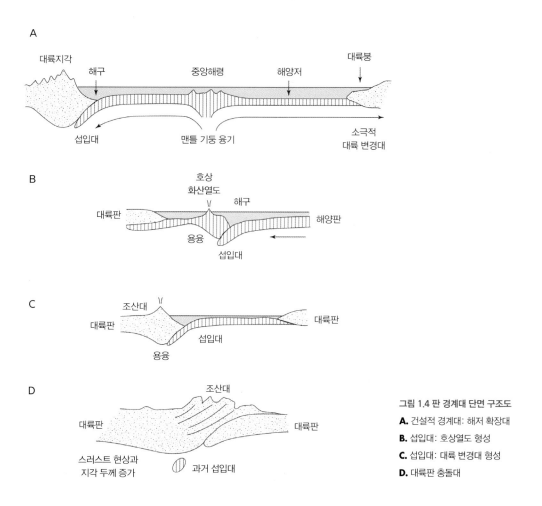

그림 1.4 판 경계대 단면 구조도
A. 건설적 경계대: 해저 확장대
B. 섭입대: 호상열도 형성
C. 섭입대: 대륙 변경대 형성
D. 대륙판 충돌대

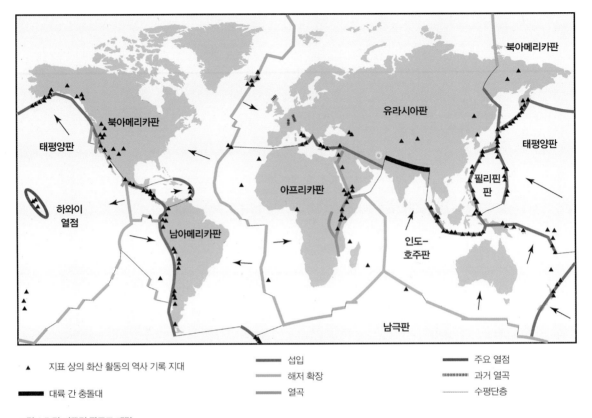

그림 1.5 전 지구적 판구조 패턴

지도 범례:
- ▲ 지표 상의 화산 활동의 역사 기록 지대
- ▬▬ 대륙 간 충돌대
- ▬▬ 섭입
- ▬▬ 해저 확장
- ▬▬ 열곡
- ▬▬ 주요 열점
- ▥▥▥ 과거 열곡
- ‒‒‒‒ 수평단층

하면서 히말라야 산맥과 같은 높은 산지를 형성한다.

　다시 살펴보건대, 이러한 작용의 시간 규모는 크다. 예를 들면, 북아메리카의 서부 코딜레라 (Western Cordillera)는 서쪽으로 이동하는 아메리카판과 연관이 있으며, 이러한 맥락에서 같은 시간 규모상으로 대서양은 확장된다. 이와 유사하게, 같은 시기에 유라시아의 알프스/히말라야 조산대 는 남쪽 대륙판들(아프리카판, 인도판)의 접근과 이들 사이에 위치하던 해양(테티스 해)의 폐쇄로 형성 되었다. 테티스 해는 현재의 지중해와 비슷하며, 면적은 지중해보다 약간 컸다.

　판 경계대의 세 번째 유형은 보존적 경계대(conservative boundary)이다. 여기서는 지각이 새로 만 들어지거나 파괴되는 것이 아니라 하나의 판이 다른 판의 변경대에 접하면서 측방으로 이동하는 것 이다. 이 경계대는 주요 수평단층(transform fault)대가 된다. 일반적으로 모든 판의 경계대를 따라서

지형학 입문

지진이 많이 일어나지만, 수평단층대는 지구 상에서 가장 강력한 지진이 발생하는 곳이다. 대표적인 예를 들면 미국 캘리포니아의 산안드레아스 단층과 터키의 아나톨리아 단층이 있다.

판구조 모형은 초기 대륙이동설에 이론적인 구조를 제공한다. 대륙이동설은 지질시대를 통해, 대륙들이 서로 상대적으로 '이동'한 것으로 본다. 또한 판구조 모형은 과거의 지질 패턴 해석에 기초를 제공하며, 지표면의 총체적인 공간적·수직적인 특성을 해석하는 데 기여했다.

2장에서는 전 지구적 규모에서 판구조론의 지형적 특성을 보다 상세하게 다루며, 이와 연관하여 지역적·국지적 규모의 지형도 살펴볼 것이다. 지역적인 규모에서는(3장) 판구조적인 맥락을 반영하는 화산 활동의 분포와 맨틀 기둥 상에 위치하는 '열점'도 살펴볼 것이다(그림 1.5). 습곡과 단층에 의한 기반암의 구조적인 변형의 강도는 현재 및 과거의 판구조 활동을 반영한다. 국지적 규모에서 판구조론의 적용은 개별적인 화산의 분포와 국지적인 판구조 패턴에 의해서 잘 나타난다.

1.4.2. 외인적(기후적) 동력

총체적인 기복(산지, 평야 등)은 판구조론과 연관될 수 있으나 총체적인 기복이 변형되어 나타나는 지형의 상당 부분은 기후 체계에 의한 지형 형성 과정의 결과물이기도 하다. 지표의 지형 형성 과정(4장 참조)은 퇴적물 계단을 통해 통합적으로 표현되며, 이들은 대부분 기후 체계에 의해 이루어진다. 이러한 과정에는 풍화(weathering)가 포함된다. 풍화는 수분과 기온에 따른 기계적·화학적 과정에 의한 기반암의 파쇄를 말한다. 따라서 다양한 지형 체계에 의해 암설의 침식, 운반, 퇴적이 일어나며, 이러한 지형 체계의 동인은 중력, 파도와 해류를 포함하여 흐르는 물, 바람, 빙하 등이다. 중력을 제외하면 이들 모두 기후 체계의 영향을 받는다.

2장에서는 전 지구적 지형 관계를 다룰 것이다. 그러나 여기서는 지형 형성 과정에 중요한 기후적 메커니즘에 어느 정도 초점을 맞추고자 하며, 주로 기온과 수분이 관계된다.

기온은 중요하며, 직접적으로 영향을 미치거나 수분의 가용성과 연관하여 영향을 미친다. 큰 일교차는 암석 표면의 가열과 냉각에 영향을 미쳐 기계적 풍화를 야기한다. 이와 유사하게, 동결융해 작용의 빈도도 기계적 풍화 체계에 영향을 미친다. 높은 기온과 습도가 지속되면 화학적 풍화가 가속화된다. 기온의 연교차도 중요하다. 연평균 기온이 0℃ 이하면 영구동토를 형성하고, 전체 토양과 사면 작용에서 주빙하(periglacial) 환경의 특성이 나타난다. 겨울 기온이 0℃ 이하로 유지되면 적설에 의한 눈덩이가 연중 존속하며, 이들이 봄과 여름에 녹으면서 하중에 의한 홍수가 일어난다.

수분 유용성도 중요하다. 중요한 것은 연간 강수량과 연간 증발산(evapotranspiration) 가능량 간의 관계이다. 아습윤, 반건조, 건조 환경에 따라 습윤 정도가 달라진다. 강수량이 풍부한 지역에서는 토양수분이 유지되고 지하수 충전이 일어나며 영구 하천(perennial river)이 유지된다. 건조 지역에서는 하천들이 일시적인 경우가 많으나, 갑작스러운 홍수와 폭우도 가끔 발생한다. 배수가 자유로운 습윤 지역에서는 높은 토양수분이 급속한 토양 발달을 가져온다. 토양층(soil profile)의 발달은 토양을 통한 수분의 하향 이동에 주로 기인한다. 반면에 토양 형성 속도가 느린 건조 지역에서는 하향 이동이 매우 적다. 습윤 지역에서는, 온대와 열대 모두에서, 토양 형성이 침식에 의한 토양 제거보다 빠르며, 일반적으로 토양 피복이 양호한 경관을 보여 준다. 건조 지역에서는 이와 반대로 매우 빈약한 토양층과 침식이 우세한 경관이 일반적이다. 강우 자체도 지형 형성에 중요한 인자가 되는데, 특히 높은 강우 강도는 유수에 의한 침식과 홍수 조건을 유발하며, 때로는 산사태를 일으킨다.

아마도 지형 형성 과정에 대한 기후 체계의 영향을 파악하는 가장 효과적인 방법은 수문순환을 살펴보는 것이다. 전 지구적 규모에서 수문순환은 증발, 강우, 빙하 융해, 하천 흐름 등에 의한 물의 전이가 지구 상의 바다, 대기, 지표면, 지하층, 빙하 등과 같은 저장소 등에서 어떻게 이루어지고 있는가에 대한 과정을 보여 준다. 플라이스토세 빙하기 동안, 전 지구의 낮아진 기온에 의해 빙하권에 많은 수분이 저장되었으며, 따라서 해양에서 물의 양이 감소하였고, 해수면이 낮아졌다(2장 참조).

그러나 지역적 및 국지적 규모에서는 하천 유역 단위에서의 수문순환이 지형 형성 작용과 가장 큰 연관이 있다. 그림 1.6에서 보면 유역 내 수문순환의 주요 저장소들은 상자에 표시되고, 화살표는 흐름을 보여 준다. 다이아몬드 모양은 흐름을 조절하는 메커니즘을 보여 주며, 특히 지형학적으로 중요한 요소들은 굵은 글씨로 표시되어 있다.

대기에 저장된 수분은 강수에 의해 지표로 떨어진다. 강수가 눈으로 내리면 녹기 전까지 눈덩이의 형태로 일정 기간 지표에 저장된다. 계절적인 융해가 빠르게 진행되면 하천수의 유속도 빨라지고, 때로는 홍수도 유발한다. 강수가 비의 형태일 경우에 강우 강도는 지형에 미치는 결과에 중요하다. 식생은 우산과 같은 역할을 하며, 차단(interception)을 통해 지표면을 보호하는데, 식생의 유형, 강우 시간, 강우 강도에 따라 효과가 달라진다. 토양은 특정한 비율로 지표에 닿는 강우를 흡수한다. 이 비율을 침투능(infiltration capacity)이라고 하며, 토양의 특성과 현재의 수분 상태에 따라 달

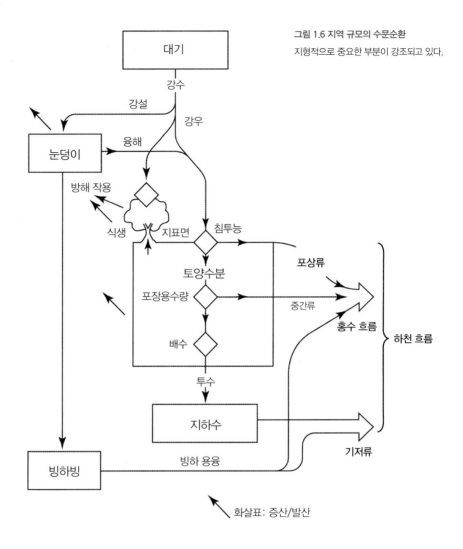

그림 1.6 지역 규모의 수문순환
지형적으로 중요한 부분이 강조되고 있다.

대기

강수

강설

강우

눈덩이

융해

방해 작용

식생

지표면

침투능

포상류

토양수분

포장용수량

중간류

홍수 흐름

하천 흐름

배수

투수

지하수

기저류

빙하빙

빙하 용융

화살표: 증산/발산

라진다. 대부분의 경우 침투능은 유효 강우 강도(effective rain intensity)보다 크다. 즉 대체로 지표면으로 떨어지는 모든 강우는 토양으로 흡수된다. 다만 강우 강도가 침투능을 능가하면 표면 흐름(포상류, overland flow)이 발생한다. 침투능이 매우 낮은 지표면의 경우에는(특히 이미 수분으로 포화된 토양, 결빙 토양, 점토질이 매우 많이 함유된 토양, 인공적 콘크리트 포장면) 거의 모든 강우가 표면 유출된다. 유출(run-off)은 산지 침식을 유발할 수 있는 중요한 지형 인자이다(4장 참조). 유출은 수문곡선(hydrograph)에서 홍수 흐름(floodflow) 부문에, 특히 갑작스러운 홍수(flash flood)에 크게 기여한다.

이러한 유출과 침식 모형(run-off and erosion model)은 건조 지역에 잘 적용된다. 건조 지역은 침투능은 낮고 폭우에 의한 강우 강도는 높은 경향이 있다. 습윤 지역에서의 홍수 흐름은 포화된 토양에서 유출이 발생하는 포화 포상류(saturation overland flow)에 의해 나타나는 것이 일반적이다. 이러한 토양은 일반적으로 낮은 경사도, 식생 피복이 잘된 사면, 따라서 토사 발생이 적은 하도 인근에서 잘 나타난다.

토양수분의 운명은 포장용수량(field capacity)이라고 하는 또 다른 토양 속성에 의해서도 간섭을 받는다. 이것은 중력의 영향으로 물을 아래로 흘려보내는 양보다 모세관 작용(capillarity)에 의해 토양에 머물 수 있는 수분량을 의미한다. 만일 투수되는 물이 토양수분을 포장용수량까지 끌어올리지 못하면, 더 이상 물의 이동은 없다. 토양수분은 단순히 식물이 사용하거나 건조한 날씨에 증발될 것이다. 그러나 토양수분이 포장용수량을 능가한다면, 능가하는 만큼 배수되거나 배수가 막히게 되면 늘어난 물 용량은 토양을 포화시킬 것이다. 높은 토양수분 함량은 토양의 안정도를 크게 훼손하며, 가벼운 사태를 야기시키기도 한다(4장 참조). 과도한 물은 토양으로부터의 배수가 가능한 곳에서 측방으로 배수되기도 하는데, 이러한 배수를 중간류(interflow)라고 한다. 또한 자유 배수 토양은 수직

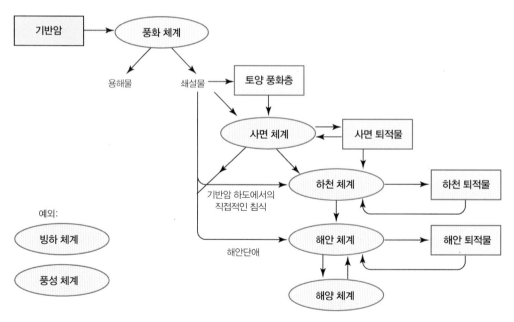

그림 1.7 유역 분지에 적용되는 퇴적물 계단의 표현 체계

으로 투수되면 더 아래의 기반암으로 내려가서 지하수(groundwater)에 이른다. 빠른 중간류는 습윤 지역에서 하천 홍수 범람의 주요 원인이 된다. 지하수는 궁극적으로 샘을 통하여 배수되어 하천 체계로 들어가는데, 건조한 날씨에서도 하천의 흐름을 유지(기저류, baseflow)시켜 준다.

수문순환은 지구 상의 다양한 기후 지역에서 서로 다르게 작용한다. 습윤 지역에서는 비가 오는 동안에 대부분의 순환이 작동한다. 건조 지역에서는 차단 작용이 제한되고 토양층이 얇아 침투능이 제한된다. 따라서 폭우 조건에서 유출이 심하게 일어난다. 물론 토양수분은 포장용수량에 거의 이르지 못하며, 지하수 충전도 제한된다. 당연히 토양 형성 작용에도 영향을 미친다. 따라서 습윤 지역과 건조 지역 간에는 근본적인 지형 형성 과정상에도 차이가 있다. 이와 같이, 기온은 수문순환 작용에 큰 영향을 미친다. 특히 동결 작용이 끼어들면 더욱 그러하다. 눈덩이 혹은 지표 토양 동결의 계절적인 출현은 지형학에서 매우 중요한데, 빙하처럼 장기간 물 저장소의 역할을 하기 때문이다. 이러한 과정들은 지형계(geomorphic regimes)의 관점에서 다시 전 지구적인 기후 지역들 간에 큰 차이를 유발한다.

1.5 지형학 연구에서의 다양한 방법들

일반적으로 지형학 연구는 두 가지를 추구한다. 먼저 지표면의 지형이 어떻게 발달하는가를 설명한다(진화 지형학, evolutionary geomorphology). 다음은 지형이 어떠한 형성 작용으로 이루어지는가이다(형성 과정 지형학, process geomorphology). 두 가지 모두 에너지와 물질 투입에 대해 반응하는 체계로서의 지형 현상을 이해하는 데 도움이 된다. 이러한 방법은 1970년대 딕 촐리와 바버라 케네디(Dick Chorley and Barbara Kennedy)에 의해서 제안되었다. 지형 체계는 에너지와 물질 투입의 다양성에 반응하면서 기존의 구조와 형태를 변형시킨다. 진화 지형학에서는 실질적인 시간 규모가 체계의 핵심을 이룬다. 지형 체계는 실질적인 사건에 반응한다(특히 지구조 운동, 빙하 작용, 기후변화 등). 평형에 대한 개념은 시간에 기초한다. 예를 들면, 초기의 높은 침식률은 지구조적인 융기에 기인하며, 시간이 지날수록 그 비율은 줄어든다. 형성 과정 지형학에서는 절대 시간이 보다 덜 관여한다. 보다 중요한 것은 어떻게 체계가 에너지 혹은 물질의 투입에 따른 변화에 반응하는가와 관계된 시간이다. 이러한 조건 아래에서 평형 개념은 시간에 덜 의존한다. 이들은 투입과 산출 간의 균형,

그리고 이러한 균형을 유지시키기 위한 체계의 조정과 관련 있다. 예를 들면, 하천의 하도는 침식(퇴적물 산출)과 퇴적(퇴적물 투입) 모두를 수행한다. 이들이 균형을 이룬다면, 하도의 형태는 동적 평형(dynamic equilibrium)이라고 할 수 있는 하나의 형태를 유지하게 된다. 다른 말로 하면, 하도 형태는 홍수 강도(에너지 투입)와 공급되는 물질(물질 투입)의 변이에 따라 조정된다.

이러한 형성 과정 체계를 인식하는 두 가지 방법이 있다. 첫째, 체계를 통한 에너지와 물질의 이동(계단, cascade와 같은)을 이해하는 것이고, 다음은 체계의 내부 구조(형태적 체계, morphological system)를 이해하는 것이다. 계단 체계는 체계 내 저장소 간의 일련의 흐름들로 이루어진다. 지형학에서 이러한 사례로는 수문학적 체계(본문 1.4.2 및 그림 1.6 참조)와 퇴적물 계단(본문 1.4.2 및 그림 1.7 참조)을 들 수 있다. 체계 내의 메커니즘은 저장소 간의 흐름을 조절한다. 일련의 메커니즘들은 계단상의 하부 체계로 볼 수 있다. 어느 하부 체계 내에서의 평형 조건은 투입과 산출 간의 균형과 관련된다. 계단 체계를 이해하는 중요한 측면은 내부 메커니즘의 이해뿐만 아니라 체계로의 투입 강도와 빈도 특성을 이해하는 것이다(본문 1.3 참조).

형태학적 체계들은 한 체계의 내부 구조를 결정하며, 일반적으로는 체계 요소들 간의 관계로 설명된다. 이들은 통계적으로도 표현되기도 하지만, 이상적으로는 내부에 들어 있는 인과관계에 관련된다. 예를 들면, 하천 하도의 수리기하학(hydraulic geometry)은 흐름과 하도 변수 간의 관계를 나타낸다. 수리기하학은 특히 유출량에서의 다양한 변이들에 반응하는 하폭, 수심, 유속, 그리고 퇴적물 운반의 특성을 보여 준다. 많은 경우에 있어 인과관계의 네트워크는 상호 간에 '피드백'을 보여 주는 형태학적 체계 내에서 파악이 가능하다. 이들 인과관계는 체계에 있어 평형적 경향성에 전방위적으로 영향을 미친다. 일부 피드백(feedback) 상관관계들(역방향 피드백)은 교란 효과에서 벗어나 균형을 이루려는 경향을 가진다. 예를 들면, 하천 하도에서 하퇴 침식은 하도의 폭을 넓히면서 깊이와 유속, 침식 응력을 감소시켜 차후의 침식을 줄이고자 한다. 다른 한편으로 일부 피드백 상관관계들(순방향 피드백)은 스스로를 강화하면서 체계를 더욱 불안정하게 만들기도 한다. 예를 들면, 산지의 빙하 침식은 권곡(cirques; 본문 4.5.2 참조)을 더욱 깊게 만들 것이다. 이 경우 권곡은 눈과 얼음을 집합시키는 주된 공간을 만들어서 침식 포텐셜을 증대시킨다. 궁극적으로 단지 거대한 기후변화나 권곡 가장자리의 완전한 침식에 의한 붕괴만이 권곡의 엄청난 원호 형성을 종식시킬 것이다. 달리 표현하면, 주요 지형 임계치를 거치게 되는 것이다(본문 1.3 참조).

두 가지의 기본 접근법(계단 체계와 형태 체계)은 하나의 과정 적응 체계로 불리는 것으로 서로 연계될 수 있다. 계단 메커니즘의 많은 요소들은 형태 체계의 변수들로 처리될 수 있으며, 연계 체계를 만들고 시간의 흐름에 따라 전체 체계를 만들어 가는 것이다. 이러한 체계들은 형성 과정 지형학을 이해하는 데 관련될 뿐만이 아니라, 절대적인 시간 규모가 관여하므로, 진화 지형학과 연관된 의문을 푸는 데에도 적용될 것이다.

Chapter 02

전 지구 규모의 지형학

본 장에서는 전 지구적 규모의 지형학을 다룬다. 여기에는 현재와 과거의 판구조론 내용과 함께 지구의 기후 패턴도 포함된다. 전 지구적인 현상을 다루지만, 필요하다면 보다 작은 공간 규모로 내려가서 여러 지형들이 어떻게 전 지구적인 규모상에서 표현되고 있는지도 살펴볼 것이다. 지표면의 형상에 대한 판구조론의 영향은 분명히 드러난다.

2.1 판구조론 논의

2.1.1 해저

해저의 형태는 거의 판구조론에 의해 결정된다고 볼 수 있다. 중앙해령은 지구를 원형으로 감싸고 있다(그림 1.5 참조). 이들은 마그마 방(magma chamber)에서 해저 확장 지대의 지각으로 용암이 분출하면서 형성된 것이다. 해저 확장 지대에서 먼 지역에서는 광대한 심해평원(abyssal plain)이 형성된다. 고립된 해산(seamount)과 화산섬은 심해평원 위에 솟아 있다. 이들은 지각에 열섬을 만들어 내는 정체된 맨틀 기둥 위에 자리 잡고 있으며, 지속적으로 화산 활동을 야기한다. 맨틀 기둥 자체는 안정된 지각 고정점(geostationary)에 위치하지만, 지각판은 그 위에 떠서 움직이면서 시간에 따른 화산 활동의 길게 늘어진 흔적을 만들어 낸다. 예를 들면, 하와이 열도는 중앙 태평양 상의 열점 위에 위치한다. 열도 연결선상에 있는 북서쪽 섬들의 화산은 현재는 사화산이다. 그러나 남동쪽의 마우나로아 섬은 화산 활동 중에 있으며, 태평양판이 열점 위에서 북서 방향으로 이동하고 있음을 보여 준다.

이동하는 판 선두의 대양저는 섭입에 의해 변형된다. 해양 섭입에 의해 심해의 해구(그림 2.1, 2.2A)가 형성되며, 그 뒤로 호상열도가 놓이는데, 태평양의 동남아시아 해역과 카리브 해에서 잘 나타난다. 대륙 말단부(continental margin)의 섭입대에서도 해구가 형성된다. 이러한 유형의 대륙 말단부에는 아메리카 대륙의 서부 해안이 대표적인데, 해안선은 상대적으로 직선형이며, 대규모의 대륙붕(continental shelf)은 거의 나타나지 않는다.

대서양안의 대부분에서 나타나는 후미(trailing-edge) 대륙 말단부의 대륙지각에서는 대륙붕이 형성된다. 이러한 대륙붕은 대륙사면(continental slope)을 통해 기울어지면서 심해평원과 연결된다. 플라이스토세의 빙하기에 해수면이 낮아졌을 때에는(본문 1.4.2 참조) 많은 대륙붕들이 지표로 노출되었으며, 그 위로 하천이 흘렀다. 대규모의 강들(예를 들어, 아마존 강과 허드슨 강)이 대륙사면 상에 감입곡류와 깊은 곡저를 만들었다. 하천에서 공급된 퇴적물이 해저 계곡으로 흘러들어 저탁류(turbidity current)를 형성하고 심해평원으로 유입되어 경사 변환점에 펼쳐지면서 해저 삼각주(submarine fan)를 만들었다. 육지에 인접한 대륙붕, 특히 북대서양 연안에서는 빙하기 이후 해수면이 상승함에 따라 바닷물에 잠긴 육지성 지형들이 많이 남아 있다. 이들은 주로 침식 지형으로서, 부분적으로 물에 잠기지 않은 상단부는 섬으로 존재한다(예를 들어, 서부 스코틀랜드에서 떨어져 있는 해브리디스 제도). 퇴적 지형인 경우는 주로 빙퇴적 지형으로, 심해로 유입되어 해저 지형을 복잡하게 만든다.

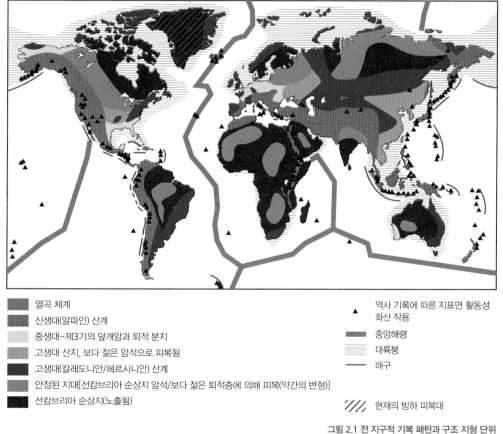

열곡 체계

신생대(알파인) 산계

중생대−제3기의 덮개암과 퇴적 분지

고생대 산지, 보다 젊은 암석으로 피복됨

고생대(칼레도니안/헤르시니안) 산계

안정된 지대[선캄브리아 순상지 암석/보다 젊은 퇴적층에 의해 피복(약간의 변형)]

선캄브리아 순상지(노출됨)

▲ 역사 기록에 따른 지표면 활동성 화산 작용

중앙해령

대륙붕

해구

//// 현재의 빙하 피복대

그림 2.1 전 지구적 기복 패턴과 구조 지형 단위

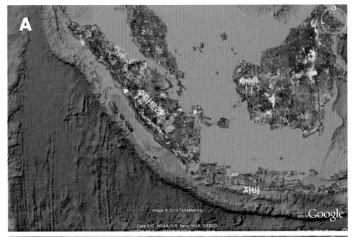

그림 2.2 전 지구적/대륙적 규모의 위성 이미지 사례(© Google Earth)

A. 인도네시아 연안의 해저: 섭입대. 대륙붕이 존재하지 않고, 서해안 외곽에 해구가 보인다.

B. 중앙 오스트레일리아의 사막. 동쪽으로 플린더스 산맥의 습곡 암석대가 보인다. 중앙에는 건조한 토런스 (Torrens) 호수의 염평원(salt flats)이 있다. 그 외의 곳에서는 플라이스토세의 사구 체계가 있다.

C. 북극권 캐나다와 서부 그린란드. 광대한 빙상이 그린란드 전역을 덮고 있다. 캐나다 북극권의 섬들도 적지만 빙상에 덮여 있다.

2.1.2 전 지구적 규모의 대륙 지형

전 지구적 규모에서 대륙 지역의 지형은 판구조 활동의 영향을 강하게 반영하며, 해양저에서의 영향보다 더 복잡한 양상을 띤다. 알프스/히말라야 산계와 환태평양 산계의 젊고 높은 산지들은 활동적이며, 최근에 활동적인 파괴적 판 경계대(그림 1.5와 2.1을 비교)와 일치한다. 이들 산계의 높은 산봉들은 지각이 두터워지는 작용과 지속적인 지각평형적 융기 작용(isostatic uplift)의 결과이다(본문 1.4.1 참조). 많은 지역에서 이들 산지의 구조는 그렇게 단순하지 않다. 유럽의 알프스를 만든 광역적인 대륙 간 충돌, 미국 서부의 지형을 만들고, 여전히 변화를 일으키는 판구조 활동은 지역 규모에서도 매우 복잡한 산지 체계를 형성했다(3장 참조).

현대 판구조 체계에 의해 형성된 젊은 산지 체계와 비교하면, 보다 오래된 산지 체계의 잔존물은 모든 산지에서 보다 덜 뚜렷한 모습을 보여 준다. 이러한 산지 체계는 더 이상 활동하지 않는 파괴적 판 경계대와 연관이 있다. 이들의 현재 기복은 부분적으로 지각평형적 융기에 의한 것으로, 기본적으로 지각이 두꺼워지는 것과 연관이 있다. 그러나 현재의 지형은 거의 침식에 의한 것으로 보다 오래되고, 보다 딱딱하고, 보다 침식 저항이 강한 존재로 남아 있다. 이와 관련해 두 개의 체계를 확인할 수 있다(그림 2.1). 헤르시니안(Hercynian)/바리스칸(Variscan) 체계는 페름기 동안 주요 지구조적 조건에서 유래된 것으로 3억~2억 5000년 전에 형성된 것이다(그림 1.2 참조). 당시에는 북대서양이 존재하지 않았고, 주요 산계는 원유라시아 대륙의 남쪽 변경대를 따라 가지처럼 확장되는 우랄과 함께 발달했다. 이 산계는 서쪽으로 확장되어 미국의 동부 지역에서 현재의 애팔래치아 산지를 만들었다. 남반구에서도 이와 유사한 산계가 동부 오스트레일리아, 남부 아프리카, 남부 아르헨티나를 따라 추적된다. 오늘날에는 단지 일부 지역에서만(애팔래치아, 우랄, 동부 오스트레일리아 등) 헤르시니안 산계가 어느 정도 산맥의 형태를 띠면서 남아 있다. 다른 지역, 특히 유럽에서는 헤르시니안 구조와 이에 속한 암석은 그 뒤의 알프스 체계로 흡수되거나, 헤르시니안 산지 체계에서 남은 부분은 후헤르시니안 단층 작용에 의해 파편화되어 개별적인 고원형의 지괴[예를 들면, 프랑스의 중앙고지(Massif Central)]로 남아 있다. 이들 고원을 가르는 지역들은 침강하여 보다 젊은 퇴적암에 의해 매몰되었다.

칼레도니안(Caledonian) 산계는 실루리아기와 데본기(대략 4억~3억 5000만 년 전; 그림 1.2 참조)에 일어난 북아메리카판과 유라시아판 사이의 해양 폐쇄와 연관이 있다. 오늘날 그 남은 암석과 지형

구조는 스칸디나비아 산계, 영국의 북서부, 아일랜드의 대부분을 형성하고 있다. 이들의 일부는 대서양을 건너 애팔래치아 산계로 통합되었다. 또 다른 일부는 현재 남아메리카에서도 확인된다. 이들의 고도는 최초의 지각이 두꺼워진 것과 부분적으로 연관이 있지만, 현재의 기복은 완전히 침식 작용에 의한 것으로, 근본적으로 암석의 침식 강도와 관련된다.

판 경계대와 멀리 떨어져 있는 각 대륙의 내부는 현생대 동안 꾸준히 지구조적으로 안정을 유지해 왔다. 이들은 지구지각(craton) 상의 '순상지(shield)'를 이룬다(그림 2.1). 이들은 선캄브리아 이래로 존재하며, 대체로 변성암 계열이고, 5억 5000만 년 이상의 연대를 가진다. 광대한 지역(예를 들어, 발트 순상지, 캐나다 순상지 등)에서 선캄브리아 암석들이 지표면으로 노출되어 있다. 그러나 핵심 지역에서 멀리 떨어진 곳(러시아 평원, 북아메리카 평원)에서는 선캄브리아 암석들이 약간 변형된, 보다 젊은 퇴적암에 의해 덮여 있다. 북부 대륙(발트 순상지, 캐나다 순상지)은 플라이스토세에 두터운 빙하로 덮여 있었다(본문 2.2.2 참조). 따라서 빙식 작용에 의한 미세 지형은 상대적으로 젊다. 그러나 남부 대륙의 순상지 지역은 플라이스토세에 빙하의 영향을 받지 않아, 제3기나 혹은 그 이전의 보다 오래된 지형들을 보여 준다.

대륙의 주요 저지는 순상지들 사이에서 변형이 많이 이루어진, 보다 젊은 퇴적암 지대로서, 순상지와 고기 산맥, 그리고 현대의 산맥들 사이에 존재한다. 경우에 따라서 이들 저지는 뚜렷한 중생대 혹은 신생대 퇴적 분지(예를 들어, 파리 분지)를 보여 준다. 그러나 다른 곳에서는 오래된 구조를 매몰하는, 상대적으로 변형이 덜된 중생대 혹은 신생대 퇴적암을 형성하기도 한다.

현대 및 고대 관구조 패턴과 연관된 또 다른 양상은 열곡이다. 이들은 맨틀 상승대 위에서 형성되며, 해저 확장에 선행하여 해양 분지를 형성한다. 동부 아프리카 열곡 체계와 사해 열곡대를 따라 나타나는 확장대는 현대의 열곡 작용대를 형성하며, 궁극적으로는 아프리카판을 분열시키고 있다. 유럽에서는 중단된 불연속적인 열곡 체계가 종종 나타나는데, 마이오세 이후의 연대를 가지며, 프랑스의 오베르뉴(Auvergne)와 프랑스와 독일의 경계에 있는 라인 열곡대가 대표적이다. 서부 스코틀랜드와 이너헤브리디스(Inner Hebides) 제도의 신생대 이오세의 화산암은 또 다른 오래된(제3기), 작용이 중단된 열곡 체계이다. 이 열곡 체계를 대신한 것이 중앙 대서양 열곡이다.

2.2 전 지구적 기후 논의

2.2.1 기후 지형학

세계의 날씨와 기후 패턴은 열기와 수분의 분포를 조절하며, 이는 다시 지형 형성 작용의 분포에 영향을 준다. 제4장에서 보다 상세하게 지형 형성 작용을 다루지만, 여기서는 다양한 기후 체계가 다양한 지형 체계의 작용에 영향을 주고 있음을 살펴본다. 글상자 2.1은 기후 체계가 어떻게 지형 체계에 영향을 미치는가를 요약, 설명하고 있다.

글상자 2.1에 언급된 바와 같이 기후 지형학은 기후 체계가 지형 형성 작용의 분포에 어떻게 영향을 미치는가를 다룬다. 현대의 형성 작용이 근본적으로 총체적인 경관 유형을 다루고 있지만(예를 들어, 사막, 극지; 그림 2.2B, C), 모든 지역에서 경관은 과거 형성 작용의 유산을 지니고 있으며, 특히 이러한 작용은 플라이스토세에 보다 활발했다.

2.2.2 제4기의 기후변화 – 빙하 작용

대략 지난 50만 년 동안 지구의 기후는 빙하기와 간빙기의 조건을 반복하였다(본문 1.3 참조). 그린란드와 남극을 덮고 있는 반영구적인 빙하에 더하여, 지난 플라이스토세 빙하기 동안에는 보다 대규모의 대륙 빙상들이 북반구의 엄청난 면적을 뒤덮었다. 산악 지역에서도 빙하의 영역은 확대되었다. 빙하의 한계는 과거의 빙하 및 그와 관련된 과정의 범위를 결정한다는 점에서 기본적으로 지형학에서 중요하다. 두 가지 유형의 빙하 작용이 중요하다. 하나는 과거 빙하 작용에 관련된 것으로(OIS 2), 2만 년 전 빙하기의 최전성기이다. 다른 하나는 15만 년 전 이후의 OIS 6 혹은 OIS 8 동안에 일어난 플라이스토세의 최대 빙하 영역 확장에 관한 것이다.

두 개의 거대한 대륙 규모의 빙상이 북아메리카에서 만들어졌는데, 로렌시아와 코딜레라 빙상(Laurentide and Cordilleran ice caps)이다(그림 2.3). 최대 빙하기에는 두 개의 빙상이 서부 캐나다에서 만났으며, 남쪽으로는 뉴욕, 오하이오 계곡, 그리고 서쪽으로는 캐나다 국경까지 경계가 확대되었다. 분리된 산악 빙상은 북아메리카의 로키 산맥과 시에라네바다 산맥 등 서부의 높은 산지에 존재했다. 로렌시아 빙상이 중심에서 외연으로 확장되면서 기반암을 깊게 굴식하고, 광역적으로 캐나다 순상지의 지형들을 침식했다. 빙하에 의해서, 그리고 빙하 해빙에 의한 일시적인 호수 형성으로 이

∗ 글상자 2.1 ∗ 지형 형성에 미치는 전 지구적 기후 효과

1. 극지(빙하) 기후

연평균기온은 0℃ 이하이다.

매년 내리는 강설은 빙하가 된다.

빙하 작용이 우세하다.

2. 아극(주빙하) 기후

연평균기온은 0℃ 이하이다.

하층토는 연중 동결 상태(영구동토)이다. 여름철 온기에 의해 눈이 녹아 홍수를 야기하고, 표토층이 녹으며, 사면 작용(솔리플럭션)이 효과적으로 일어난다. 빈번한 동결융해 순환과 설식(nivation)은 기계적 풍화에 매우 효과적이다.

3. 온대 습윤 기후

이 기후는 광범위한 범위에서 나타난다. 그러나 몇 가지 공통적인 특징을 가진다. 강수량은 증발산 가능량을 능가한다. 토양은 일반적으로 습윤하며, 지하수 충전과 영구 하천의 유지도 가능하다. 강우는 연중 이루어지거나(서부 유럽), 계절적으로 여름에 집중되기도 하고(대륙성 기후; 미국의 동부 해안 기후), 겨울철에 집중되기도 한다(보다 습윤한 지중해성 기후). 여름철 기온은 시원한(cool) 곳(스코틀랜드)부터 더운 곳(이탈리아, 미국 북동부)까지 다양하다. 겨울철 기온 역시 서늘한 곳(브르타뉴)에서부터, 추운 곳(동부 캐나다)까지 다양하다. 기온과 수분 조건은 온대 지대의 자연 식생이 숲이라는 것을 보여 준다. 그러나 이들 지역의 상당 부분은 농경지로 이용되고 있다. 가장 '자연적인' 환경 아래에 있다고 가정하면, 지표 침식률은 풍화와 토양 형성보다는 적다. 따라서 대부분의 경관은 토양으로 피복된다. 가장 효과적인 지형 형성 과정은 사면 지형과 하천 지형에서 나타난다.

4. 건조 기후

이 기후도 광범위한 조건을 가진다. 그러나 가장 핵심적인 측면은 연강수량이 높은 증발산 가능량에 훨씬 못 미친다는 점이다. 그 결과로 건조한 토양과 매우 적은 지하수 충전, 그리고 듬성한

지표 피복의 특징을 보인다. 여름철 기온은 어디서나 높다. 겨울철은 서늘한 곳에서부터 추운 곳까지 다양하다. 건조 기후에는 반건조 지중해 기후(에스파냐, 이스라엘)와 대륙 내륙의 스텝 지역, 건조한 초원 지역, 사막의 경계 지역, 세계적으로 유명한 사막 등이 포함된다. 이들 지역에서의 강우는 가끔씩의 강한 대류성 폭우의 경향을 띠며, 급격한 하천 유출을 야기한다. 따라서 사면 지형은 매스무브먼트보다는 표면 침식의 영향을 주로 받는다. 하천은 일시적이며, 연중 대부분의 기간에 말라 있고, 강한 폭우가 발생할 때에만 일시적인 홍수가 발생한다. 풍화는 느리지만 특징적인 토양층과 지표면을 형성한다. 진정한 건조 지역에서 강우는 매우 드물고, 지형 형성 작용은 주로 풍성 작용에 의해 발생한다.

5. 열대 기후

이 지역의 기온은 연중 높다. 동결은 기본적으로 알려진 바가 없고, 강우는 대규모 사막 지역에서 적도로 갈수록 많아진다. 진정한 적도 지역에서는 연중 강우가 발생한다. 그러나 열대 지역의 보다 건조한 경계 지대(예를 들면, 사헬 지역)와 몬순 지대에서는 강우의 계절적인 특성이 잘 나타난다. 몬순 지역에서는 우기에 강우가 예외적으로 많다. 높은 기온과 많은 강수량은 급속한 풍화와 깊은 토양층의 발달에 유리하다. 자연 식생은 계절적으로 건조한 지역의 초원 및 건조한 삼림에서부터 열대우림까지 나타난다. 훼손이 안 된 지역의 지형적인 활동은 강수 체계를 잘 반영하며, 계절적으로 높은 하천 유출은 건기와 우기가 뚜렷한 지역에서 나타나고, 뚜렷한 습윤 열대에서는 많은 유출량을 가진 영구 하천이 나타난다. 자연 상태에서 지각에 깊은 풍화층을 형성하는 지역과 강수량이 많은 지역은 상당한 인위적인 교란의 대상이 되고 있다.

6. 산지 기후

높은 산지 환경은 고도로 인하여 주위의 낮은 지역의 기후와는 확연한 차이가 있으며, 일반적으로 보다 서늘한 기온과 높은 강수량이 그 특징이다. 온대뿐 아니라 열대 지역에서도 높은 산지에는 빙하가 존재한다. 사막 지역에서도 산지 지역은 삼림 식생이 잘 유지된다. 산지 지역의 지형학은 기후 체계뿐 아니라 산지의 급한 경사면에 의해서도 영향을 받는다. 사면 지역에서는 지형 형성 작용이 가속화되는 경향이 있다.

루어진 퇴적은 그 외연 지역인 남부 캐나다와 미국 중서부에 빙퇴적성 지형을 다수 만들었다. 이와 유사하게 코딜레라 빙상과 인근 산지의 보다 작은 빙상과 빙하는 산지에서의 침식과 인접한 저지에서 퇴적을 유발하였다.

유럽에서도 최대 빙하기에 이와 유사한 상황이 일어났다(그림 2.3). 스칸디나비아 빙상은 스코틀랜드 빙상과 합쳐졌다. 빙하는 남쪽으로 내려가 브리스틀 해협, 런던, 나아가 홀랜드와 북부 독일까지 확대되었다. 스코틀랜드 고지와 노르웨이 산지, 그리고 발트 순상지를 가로지르는 빙하의 근원

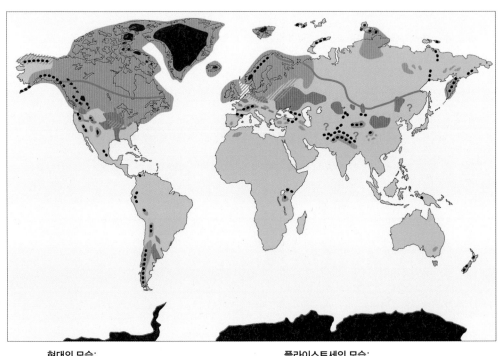

현대의 모습:

▅ 현대 빙상

••••• 현대 주요 산악 빙하의 범위

── 불연속적 동토대의 현대 범위

플라이스토세의 모습:

▨ 최종 빙기 최성기(Last Glacial Maximum, LGM)의 빙상

▨ 플라이스토세 빙기의 최성기 빙상(알려진 곳과 다른 곳)

▨ 플라이스토세 주요 충성층

─ ─ ─ 플라이스토세 동토대와 관련된 모습들의 남한계(알려진 곳)

? 플라이스토세 동토대의 불확실한 범위

그림 2.3 현대 및 플라이스토세 한랭 기후 현상의 전 지구적인 범위

지형학 입문

지역과 그 인접한 곳에서 빙하는 일차적으로 침식을 가했다. 빙하의 근원지에서 더욱 멀리 떨어진 영국 중부 지역에서부터 북부 유럽 평원에 걸친 지역에서는 퇴적이 우세했다. 여기서 더 남쪽으로 내려가면 보다 소규모의 빙상과 산악 빙하가 알프스와 피레네 산맥에 남았다.

아시아에서는 빙하가 히말라야와 동북아시아의 산지를 덮었다. 남반구에서의 빙하 작용은 보다 적은 면적을 차지했는데, 빙상과 산지 빙하는 안데스, 태즈메이니아와 뉴질랜드에서 나타났다.

전 지구적으로 빙하의 최대치는 지난 빙하기보다 더 오래된 빙하기와 연관된다(그림 2.3). 이것은 빙하 지형과 비빙하성 지형 변화에 대한 중요한 암시를 보여 준다. 이러한 현상이 영국보다 잘 나타나는 곳은 없는데(그림 2.4, 글상자 2.2), 영국에서는 4개의 영역이 인지된다.

＊글상자 2.2 ＊ 영국 경관에서의 빙하 한계와 연관된 지대 구분

제1지대는 잉글랜드 남부이다. 데번 북부 해안에 있는 작은 지역과 실리(Scilly) 섬을 제외하고는 브리스틀 해협과 템스 계곡의 남부 지역은 빙하의 영향을 받지 않았다. 이 지역에서는 제3기 말 이래로 대부분의 경관 패턴이 잘 보존되고 있다(본문 1.3 참조). 플라이스토세 기간 내내, 빙하의 방해 없이 하천 체계가 유지되었다. 그러나 이 지역은 플라이스토세의 빙하 기간 동안 주빙하 (periglacial) 지형 형성 과정(산지 사면 지형에 대한 영구동토의 영향; 본문 4.2 참조)의 영향을 받았다. 산지 사면은 솔리플럭션(solifluction)에 의해 전반적으로 완만한 형태를 가지게 되었고(그림 2.5A), 두터운 두부 퇴적(head deposits)이(그림 4.7C 참조) 특히 계곡 측사면에서 이루어졌다.

제2지대는 빙하의 최전성기와 최종 빙기 영역 사이에 있는 지역으로, 주로 잉글랜드의 중부와 동부 지역에 해당한다. 이 지역은 약 15만 년 전부터 빙하의 영향을 받았다. 하계망 패턴은 빙하에 의해 엉클어졌다. 기존의 빙하 퇴적에 의한 지형은 최종 빙하기 동안에 주빙하 과정에 의해 변형되었으며, 기존의 퇴적 지형들은 거의 모습을 찾아볼 수 없다.

제3지대는 최종 빙하 한계 내에 위치한 대부분의 지역이다. 웨일스의 대부분과 슈롭셔(Shrop-shire)에서 험버(Humber) 지역에 이르는 한계선 북부의 모든 지역을 포함하지만, 더비셔(Derby-shire)의 피크디스트릭트(Peak District)와 북부 요크무어스(North York Moors)는 예외 지역이다. 빙

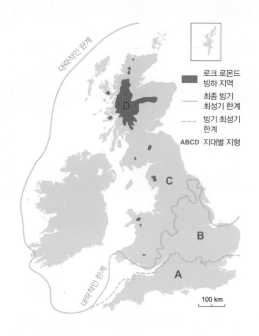

그림 2.4 플라이스토세 빙하 한계와 관련된 영국 경관 지대

A. 빙하를 경험하지 못한 곳이다.

B. 15만 년 이전에는 빙하로 덮여 있었으나, 지난 빙기 동안에는 얼음이 없었다. 지난 빙기 내내 주빙하 작용의 영향을 받았다.

C. 2만 년 전의 최종 빙기 최성기(LGM) 때 빙하로 덮여 있었고, 15,000년에서 13,000년 전에 완전히 빙하의 영향에서 벗어났다.

D. 로크 로몬드(Loch Lomond; 영거 드리아스) 기간 대략 500년 동안 빙하에 덮였고, 1만 년 전 온난한 홀로세로 접어들면서 급속히 빙하가 녹았다.

하들은 최종 빙기 최성기(Last Glacial Maximum, LGM)의 한계까지 도달했으며, 대략 18,000년 전까지 올라간다. 이들 얼음은 13,000년 전 무렵 스코틀랜드의 스페이(Spey) 계곡에서 마지막으로 녹았다. 이들 지대 대부분에서 빙하 침식 지형(4장 참조)은 가장 높은 지대에서 형성되고, 그 외 지역에서는 빙하 퇴적 지형이 탁월하다. 비록 플라이스토세 말기인 1만 년 전 이후부터 빙상 융해 후의 다양한 시간 규모로 유지된 주빙하 과정에 의해 변형되기는 했지만, 그 전의 빙하 지형들은 비교적 신선한 상태로 남아 있다(그림 2.5B).

고려해야 할 또 다른 한계는 제4지대이다. 이 지대는 지난 1만 년 전 무렵의 마지막 빙하기의 가장 끝 무렵에 발달한 소규모 빙상의 한계 지역으로 약 500년간 지속되었으며, 소위 로크 로몬드 재진출[Loch Lomond Readvance; 유럽의 용어로는 영거 드리아스(Younger Dryas) 기간로 불린다. 이 지대는 남부 및 서부 그램피언 고지(Grampian Highlands)를 포함하며, 그 외에도 케언곰 산지(Cairngorm Mountains)와 북-서 고지의 소규모 빙하들, 그리고 영국 호수 지대(Lake District)와 남부 고지대(Southern Uplands), 북부 웨일스의 스노도니아(Snowdonia)의 소빙하들도 있다. 로크 로

몬드 상황은 급속한 기후 온난화로 끝이 났으며, 따라서 오래된 빙하 지형에 대한 주빙하성 변형은 더 이상 없다. 로크 로몬드 한계 내에서 빙하 침식과 퇴적 지형은 신선하다(그림 2.5C).

그림 2.5 영국의 경관(그림 2.4에서 정의된 지대의 대표적 경관)
A. 지대 A: 서머싯(Somerset)의 퀀톡힐스(Quantock Hills). 빙하의 영향을 전혀 받지 않은 주빙하 경관. 뚜렷한 볼록 사면으로 주빙하 솔리플럭션의 특징을 보여 준다(본문4.2 참조). 또한 계곡 바닥에서는 홀로세의 하각도 잘 드러난다.
B. 지대 C: 최종 빙기 최성기 동안 빙하의 영향을 받은 경관. 그러나 13,000년 전부터 빙하가 사라졌다. 스코틀랜드의 남부 고지대(Southern Uplands)의 얘로밸리(Yarrow Valley). 고지의 평탄면을 깊게 하각하고 빙퇴석을 퇴적하였다(본문 4.5 참조). 이 경관은 플라이스토세 말기인 지난 몇 천 년 동안 빙하와 일부 주빙하 과정에 의해 만들어진 흔적을 보여 준다.
C. 지대 D: 1만 년 전 로크 로몬드기에 형성된 빙식 지형. 주빙하에 의한 변형은 거의 없고, 홀로세 동안 사면과 하천 지형 형성 과정에서 준빙하(paraglacial) 조건하에서 변형되었다. 스코틀랜드 서부 고지(Western Highlands)의 글렌코(Glencoe).

2.2.3 플라이스토세의 기후 체계에 따른 또 다른 변화들

전 지구적인 빙하 경계 밖에서는 대기 순환의 변화와 관련된 또 다른 기후변화들이 존재했다. 빙하 시기 동안 전 지구적으로 기온이 뚜렷이 하강하면서 영구동토가 발달했고, 남쪽으로는 주빙하 과정이 미국과 유럽 방향으로 전개되었다(그림 2.3). 미국 서부, 에스파냐 등 영구동토가 없는 곳에서도 동결융해 작용이 오늘날보다는 훨씬 많은 영향을 미쳤다. 대륙빙하 주변의 주빙하 지역에서 나타난 또 다른 영향은 풍성 실트의 퇴적(뢰스, Loess)이었다. 뢰스는 미국의 중서부를 비롯하여, 벨기에와 독일을 가로지르는 벨트를 형성한 북부 유럽의 상당 지역을 덮었다. 그러나 가장 두껍게 뢰스층이 형성된 지역은 중국 중부의 황토고원(Loess Plateau)이다(그림 2.3). 중국의 뢰스 퇴적층은 간빙기의 고토양(paleosol)과 교호층을 이루면서 플라이스토세 전체 기간에 관한 고기후의 연속적인 기록을 잘 보존하고 있다.

전 지구적인 기온의 저하와 함께 증발량의 감소 및 이에 따른 강수량의 감소도 나타났다. 이는 서부 지중해 지역에 한랭건조한 스텝 기후를 야기했고, 오스트레일리아 및 아프리카와 같은 현재의 세계 건조 지대의 일부는 더욱 건조한 상태였다. 오늘날 또 다른 지역의 사막은 보다 한랭습윤하여 하천과 호수들이 형성되었다. 예를 들면, 미국의 남서부와 사하라 등이다. 사실 사하라의 건조화는 홀로세 중기 이후에 이루어지기 시작하여 현재의 간빙기로 들어섰다.

2.2.4 제4기의 해수면 변동

전 지구적 빙하기 동안에는 세계 수분의 많은 비율이 오늘날 해양보다는 대륙빙하에 저장되었다. 따라서 전 지구적으로 해수면은 100m 정도 내려갔다(해수변동성 해수면 변동, eustatic sea-level change). 해수면 위로 대륙붕이 노출되었으며, 브리튼 섬을 포함하여 많은 섬들이 대륙과 연결된 반도가 되었다. 또한 알래스카와 시베리아를 연결하는 '육교(land bridge)'도 만들어졌다. 대규모 빙상 주변은 얼음의 무게로 인해 지각이 침강하여 복잡한 지표면 양상을 보여 주었다(지각평형성 해수면 변동, isotatic sea-level change).

해빙기가 되면서, 최종 빙기 최성기에 해당하는 약 18,000년 전의 가장 낮은 해수면은 전 지구적인 해수변동에 의해, 6,000년 전까지 현재와 같은 상태로 상승했다. 6,000년 전은 로렌시아 빙상(그림 2.6)에서 최종 해빙이 일어난 때이다. 따라서 현재의 해안은 매우 젊은 상태로서 최대한으로 보아

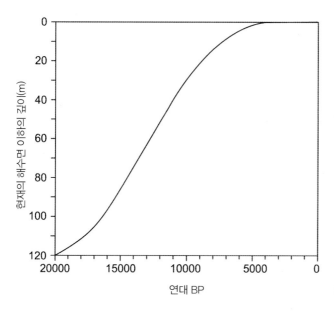

그림 2.6 후빙기 해수변동성 해수면 곡선

그림의 y축: 현재의 해수면 이하의 깊이(m)

그림의 x축: 연대 BP

그림 2.6 후빙기 해수변동성 해수면 곡선

도 6,000년 전이다. 빙하 지역과 인접한 곳에서는 빙하가 물러나고 빙상의 무게에 눌렸던 지각이 다시 지각평형적 반등(isostatic rebound)을 하면서 지표의 지형이 복잡해졌다(그림 2.7). 이러한 지역에서는 해수변동 과정과 지각평형 과정이 상호작용했다. 해수면 상승에 의한 범람은 빙상 융해에 따라 물이 방출되면서 즉각적으로 일어났다. 그러나 지각평형적 반등은 오늘날까지 계속되고 있다. 해수면이 상승하고 여전히 침강해 있던 해안선이 범람하면서 스코틀랜드에 빙하 말기 해빈들이 형성되었다(그림 2.8A). 이들은 해수면 상승률을 능가하는 지각평형 반등률에 따라 융기 해빈이 되었다. 가장 인상적인 연속된 융기 해안의 사례는 로렌시아 빙상의 중심에서 침강했던 허드슨 만에서 나타난다(그림 2.8B). 발트 해와 캐나다 동부 주위에도 복잡한 연속적 변화 현상이 나타난다. 로렌시아 빙상 융해와 같이, 해수변동성 해수면 상승에 의해서 해수면이 현재의 50m 이하까지 상승했을 당시 세인트로런스 저지(St Laurence Lowland)는 바다에 잠겼다. 지각이 당시 해수면 이하로 여전히 침강해 있었기 때문이다. 그 후 지각평형성 반등은 '챔플레인 해(Champlain Sea)'에 퇴적된 염성 점토 퇴적물을 현재의 해수면보다 200m 이상 융기시켰다.

요약하면, 지난 50만 년 이상 동안 빙하기는 간빙기보다 더 오래 지속되는 경향이 있었다. 우리들은 불과 지난 1만 년간 지속되고 있는 간빙기(홀로세)에 살고 있다. 인간이 관여된 지구온난화가 아

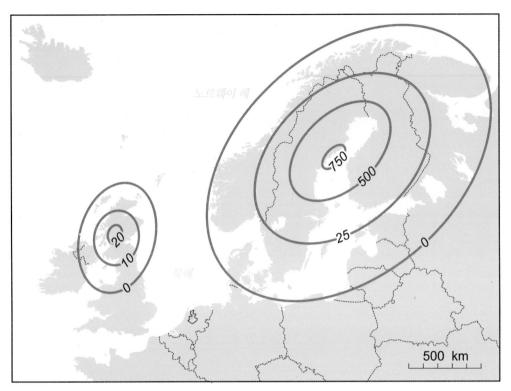

그림 2.7 유럽: 빙하성−지각평형 반등의 범위(등치선은 미터로 표시). 최종 빙기 최성기의 빙상이 융해되기 시작한 후부터의 반등량이다.

니라면, 간빙기는 아마도 1만 년 정도 더 지속될 것이다.

지형학적인 관점에서 중요한 것은 불과 약 1만 년 동안 지속된 현재의 조건이다. 경관들 대부분은 빙하의 영향을 직접적 또는 간접적으로 받으면서 과거 상태를 내재하고 있다. 많은 지형들은 유물적인 모습을 가진다. 현재의 조건에 의해서는 단지 부분적인 조정을 받을 뿐이다. 지형과 그 구성 퇴적물은 과거 기후 체계에 대한 증거를 지니고 있다.

지형학 입문

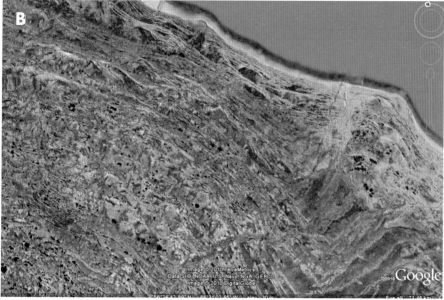

그림 2.8 빙하성 지각평형에 의한 해안선의 변형

A. 플라이스토세 말기에 융기된 해안 평탄면: 서부 스코틀랜드의 로크 린히(Loch Linhe). 사진의 중앙에 있는 두 섬의 평탄한 면은 제4기에 융기한 두 개의 해안 평탄면을 나타낸다.

B. 캐나다 허드슨 만 해안의 위성 이미지(구글어스). 현재의 해안선으로부터, 해안선에 거의 평행하게 나타나는 많은 비치 리지(beach ridges)들이 보인다.

2.3 지구조의 힘과 기후의 힘 간의 전 지구적 규모의 상호작용

본 장에서는 지금까지 현재와 과거의 전 지구적 판구조 패턴과 기후 패턴이 어떻게 전 지구적 지형학에 영향을 미쳤는지를 살펴보았다. 전 지구적으로 지구조의 힘과 기후의 힘 간의 상호작용이 어떻게 나타나는가를 살피는 하나의 방안은 융기율과 삭박률 간의 관계를 알아보는 것이다. 현대 혹은 과거의 파괴적인 판 경계대에서는 지각이 두꺼워지는(crustal thickening) 현상이 상당한 규모로 나타났다. 상대적으로 가벼운 대륙지각은 지각평형적으로 융기하면서, 산지의 고도를 높여 왔다 (본문 1.4.1 참조). 높은 고도는 급한 경사를 만들고, 유역 체계를 따라 급격한 하식을 유발한다. 이것은 다시 높은 침식을 일으키고, 산지의 몸체를 감소시키며, 다시 지각평형적인 융기를 유도한다. 복잡한 지구물리학적 방법을 이용한 지각의 융기율에 대한 최근의 연구를 통해 융기율과 예측되는 삭박률 간의 일반적인 관계를 확인할 수 있다. 여기서 삭박률은 하천 퇴적물 운반량 자료에서 추정한 것이다(표 2.1 참조). 판구조 활동이 멈춘 후에 융기율이 감소하기는 했지만, 융기는 어느 정도까지는 지속될 것이다. 그것은 지각이 두꺼워지는 현상이 지속되기 때문이다. 이러한 '후 조산운동' 과정은 조륙(epeirogenic) 융기로 알려져 있으며, 특히 과거의 산지 체계와 같은 대규모 지역에 영향을 미친다. 맨틀 작용과 관련하여 조륙 융기의 원인이 되는 다른 가능한 메커니즘들도 있다. 예를 들어, 아프리카 대륙의 일부 기복 패턴을 보면 과거 혹은 현재의 판 경계에서 나타나는 긴 통로는 맨틀 작용과 연관된 것으로 사료된다. 이와 유사하게 미국 남서부의 콜로라도 대지(Colorado Plateau)의 지속적인 융기도 맨틀 작용에 의한 것으로 여겨진다. 사실, 조륙 융기는 침식삭박에 의해 지각평형적으로 일어나는 것으로, 대륙 지역의 연속적인 융기에 대한 가능성 있는 메커니즘으로 받아들여지고 있다. 조륙 융기는 주요 지각이 두꺼워지는 산지 지역뿐 아니라 산지 지역과 가까운 지역에서도 나타나고 있다. 융기는 융기된 지역에 인접한 보다 낮은 지각으로 물질이 이동하는 것으로 어느 정도 상쇄된다. 그 반대 현상도 나타는데, 침강하는 퇴적 분지로 지각 퇴적물 이동이 일어나는 것이다.

전 지구적인 지구조 및 기후의 힘 사이의 상호작용의 또 다른 방식은 대륙의 하천 퇴적물이 해양으로 이동하는 전 지구적인 패턴으로 나타난다. 하천 퇴적물량은 하천 유역 분지 내에서의 순 침식량을 개략적으로 보여 주는 일차적 자료를 말한다. 일차적이라 함은 하천 자체가 저장하는 퇴적물량이 배제된 것이기 때문이다. 그러나 이러한 현상은 두 가지의 힘 사이의 상호작용을 어느 정도 보

표 2.1

세계의 영역별 10위 하천들. 영역별 묶음에서 낮은 순위의 하천들은 단순히 유역 면적 50만 km^2 이상에서 채택한 것이다(자료: D Higgitt).

구분	유역 면적 (10^6 km^2)	하천 유출 (km^{3}yr^{-1})	유역 퇴적물 (10^{6}tyr^{-1})	하천 퇴적물 생성률 (퇴적물량/유역 면적) (tkm^{-2}yr^{-1})
1	아마존 강 6.15	아마존 강 6307	아마존 강 1150	황허 강 1102
2	콩고 강 3.70	콩고 강 1290	황허 강 1080	이라와디 강 888
3	미시시피 강 3.34	파라나 강 1101	갠지스 강 524	브라마푸트라 강 852
4	나일 강 2.72	오리노코 강 1101	브라마푸트라 강 520	마그달레나 강 846
5	파라나 강 2.60	양쯔 강 899	양쯔 강 480	갠지스 강 535
6	예니세이 강 2.58	미시시피 강 580	미시시피 강 400	인더스 강 260
7	오비 강 2.50	예니세이 강 561	이라와디 강 364	양쯔 강 247
8	레나 강 2.43	레나 강 511	인더스 강 250	메콩 강 198
9	양쯔 강 1.94	메콩 강 470	마그달레나 강 220	아마존 강 187
10	아무르 강 1.86	세인트로렌스 강 451	메콩 강 160	주장 강 174

여 준다. 분명한 것은 일반적으로 대규모 하천들은 대량의 퇴적물을 해양으로 이동시킨다(표 2.1)는 점이다. 그러나 지구조 및 기후의 힘 사이의 상호작용에 반영되는 몇 가지 중요한 예외들이 있다. 매우 높은 퇴적물 생성은 높은 침식률을 의미한다. 예를 들면, 황허 강 유역은 중국 중부 지역을 지나면서 매우 높은 침식이 일어난다. 이것은 융기 작용과 플라이스토세의 기후 작용이 상호 연관된 것이다. 퇴적물 생성은 하천 유역 면적과도 관계가 깊다(표 2.1 및 그림 2.9). 남아시아의 하천들이 특히 그러하다. 이러한 하천들은 몬순 기후대에 위치하며, 히말라야 산맥에서 유래한다. 이 지역의 높은 침식률은 급격한 지구조적 융기에 의한 것으로, 융기와 연관된 깊은 하식과 기후적으로 야기된 강한 계절성 강수 요인과 결합되어 나타나는 것이다.

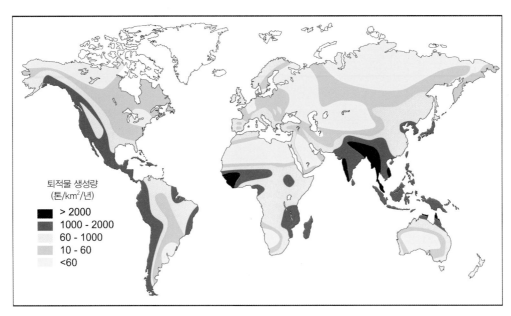

그림 2.9 세계의 퇴적물 생성량

퇴적물 생성량
(톤/km²/년)
> 2000
1000 - 2000
60 - 1000
10 - 60
<60

    지형학 입문

Chapter 03

지역 규모의 지형학

규모를 대륙에서 지역으로 줄여도, 배후에는 여전히 전 지구적인 영향이 존재한다. 그러나 상황은 공간적 맥락에 따라 달라진다. 국지적인 구조에서는 침식에 저항하는 국지적인 패턴과 기후변화에 대한 국지적인 반응이 보다 중요해진다.

이 규모에서는 대부분의 사람들이 지형학의 존재를 인식할 수 있다. 아대륙적 규모(예를 들어, 알프스, 스코틀랜드 고지, 콜로라도 대지)에서부터 산지와 계곡 체계와 같은 '경관적' 규모 등이 포함된다. 이 규모들은 전 지구적/대륙적 규모와 국지적인 규모에 비해서 관심을 덜 받았다. 그러나 이는 지난 20세기 전반부의 전통적인 지형학 연구를 지배한 규모이다. 이 규모에 대한 연구들의 상당 부분은 19세기에서 20세기로 넘어가는 시기에 활동한 미국 지형학의 선구자 중 한 사람인 윌리엄 모리스 데이비스(W. M. Davis)의 아이디어를 그 바탕으로 한다. 그의 개념 대부분은 실망스럽게도 단순한 것으로 치부되었지만, 일부는 여전히 뚜렷한 의미를 가진다. 데이비스는 경관이 구조(structure), 과정(process), 시간(time)의 상호작용의 산물임을 밝히고자 했다. 이 장에서는 이들 주제에 대하여 현대의 지형학적 맥락에서 다룰 것이다.

3.1 지역 규모의 구조

구조에는 두 가지의 의미가 있다. 첫째는 전반적인 지질학적(판구조론적) 조건(setting)과 이들의 경관에 대한 영향이고, 둘째는 지표면 지형의 다양한 특정 구성 물질들의 영향이다.

3.1.1 지역 규모의 판구조론적 구조

판구조론 구조는 지역 규모의 경관에서 매우 분명하게 드러나며, 다양한 경관의 차이(산지, 대지, 저지 등)를 만들어 낸다. 기본적인 중요성은 전체적인 기복으로, 활성적인 지구조 운동 혹은 조륙 융기(본문 2.3 참조) 등과 연관이 있다. 전체적인 기복과 지역적 기준면(base level)의 차이가 유역 체계와 경사도에 따른 하각(incision)의 양과 비율을 지배한다. 기준면은 하각 작용이 더 이상 일어나지 않는 수준의 면으로, 대부분의 경우 해수면이 된다. 보다 국지적으로는 대규모 곡저 혹은 침식 저항에 강한 암반이 될 수도 있다. 지속적 또는 강한 융기 작용은 경신된 하각의 시발이 되기도 한다. 이는 결과적으로 경관의 '윤회(rejuvenation)'를 가져온다. 이것은 하천의 횡단면도에서 볼 때, 계곡 내부의 높은 경사도, 하각에 의한 협곡, 경사 변환점, 다른 불규칙성 등에 의해 발현된다(본문 3.2.1 참조).

지역적 지질구조는 내인적 과정(본문 3.1.2 참조), 차별적 침식 저항에 영향을 미치는 암석 유형의 구조적인 특성(본문 3.1.3 참조), 그리고 구조의 지형태적인 표현(본문 3.1.4 참조) 등에 의한 기복 지형의 직접적인 형성을 통해 나타난다.

3.1.2 내인적 과정을 통한 기복의 직접적인 형성

지속적인 지구조 작용 및 화산 활동은 지형을 직접 만들 수 있다(특히 단층 단애, 화산 등; 그림 3.1). 그러나 이들은 침식 과정을 통해 급속히 변형되며, 지속적인 지구조 작용과 화산 활동의 뚜렷한 모습에 제한을 줄 수 있다(본문 1.4.1 참조).

3.1.3 암석-침식에 대한 저항

암석 유형의 차이는 침식에 대한 저항에 차별성을 보여 준다. 세 유형의 암석들(화성암, 퇴적암, 변성암) 중에서 화성암은 일반적으로 결정질이 많고, 딱딱하여 기계적 풍화와 침식에 강한 편이다. 퇴적암과 같은 층리가 없으며, 유일한 내부적인 취약점은 절리와 파쇄대이다. 풍화는 주로 이러한 취약대를 따라서 이루어진다(그림 3.2). 다른 주요 취약점으로는 구성 성분들이 화학적 풍화에 약하다는 점이다(본문 4.1 참조). 따라서 강한 화학적 풍화가 일어나는 지역(특히 열대 습윤 지역)에서는 암석의 풍화가 급속하게 일어난다. 그렇지 않은 경우에는 주위의 보다 약한 암석에 비해 상대적으로 높은 고도를 유지한다.

퇴적암은 약한 점토와 이회토부터 기계적 풍화에 보다 강한 사암과 석회암에 이르기까지 다양한 암석들을 포함한다(그림 3.2B). 퇴적암은 층리를 가지고 있으며, 층리면은 연약대를 만들고 풍화와 침식에 취약한 경향이 있다. 경우에 따라서는 상대적으로 약하거나 강한 암석들이 교호하여 퇴적이 되기도 하는데, 보다 약한 암석층이 먼저 침식된다.

석회암은 특히 연구의 한 분야로 여겨질 만큼 독특한 사례를 보여 주는데, 이 분야를 '카르스트 지형학(karst geomorphology)'이라고 한다. '카르스트'라는 용어는 슬로베니아의 디나르 알프스(Dinaric Alps)에 있는 카르스트 지형의 전형을 보여 주는 카르스트라는 마을 이름에서 유래했다. 대부분의

그림 3.1 지구조 작용 및 화산 활동에 의한 직접적인 기복의 형성

A. 새로 생긴 급격히 형성된 화산추(spatter cone)와 용암평원(lava field). 약 250년 전 분출. 카나리아 제도의 란체로테(Lanzerote).

B. 활성 단층대. 미국 캘리포니아의 파나민트(Panamint) 계곡. 최근의 단층 작용으로 단층선을 따라 산지 돌출부(spur)가 잘려 삼각 말단면 (triangular slope facet)을 형성하고 후면 산지의 곡저로부터 내려온 퇴적물이 선상지를 형성하고 있다(본문 4.3.4.2 참조).

그림 3.2 기복에 대한 암석의 영향

A. 화강암 지형. 에스파냐 중부 산지 체계의 사례. 파쇄된 암석의 절리 패턴과 거친 지표면을 보여 준다.

B. 약한 이회토(marls)를 하각하여 형성된 악지형. 프랑스 프로방스 북부 지역. 저항성이 강한 덮개암(caprock)과 산지 사면을 깊게 개석한 우곡(gully)을 보여 준다.

석회암은 기계적 풍화에는 상당히 강하지만, 그 구성 성분이 탄산칼슘(CaCO₃, 칼사이트)으로 이루어져 있어 약산성[빗물, 토양층에서 유래된 부식산(humic acid)]에 잘 녹는 기질을 가진다. 따라서 이들은 용해(solution)에 잘 반응한다. 특히 석회암은 용해 작용에 의한 지형 형성이 뚜렷하다. 석회암 노두의 표면은 소규모의 용해 지형으로 이루어지기도 한다. '그루브와 리지(groove and ridge)'와 유사한 형태이며, '평탄면과 갈라진 틈'의 석회암 지표 지형을 의미하는 '클린츠와 그릭스(clints and grykes)'를 예로 들 수 있다. 용해가 토양층이나 식생층 아래에서 일어나는 곳, 특히 플라이스토세에 빙식을 받은 영국이나 다른 습윤한 지역의 석회암 포도(limestone pavements)에서 보편적인 것과 같이(그림 3.3A), 암석 모서리가 보통 둥글다. 반면에 날카로운 모서리를 가진 '린넨카렌(rinnenkarren; 급사면 용해 홈)' 지형은 지표면 위로 흐르는 유출에 의한 용식으로 만들어진다(그림 3.3B). 이러한 지형의 지표면 아래에서는 암석 내부의 절리들이 확대되면서, 지표수가 지하로 유입된다. 석회암 지형으로 유입되는 크고 작은 하천들은 '함락공(swallow holes)'을 통과하면서 지하로 유입되기도 한다. 대부분의 석회암 지역에서의 특징적인 것은 지표수가 거의 없다는 것이다(그림 3.3C). 지하의 동굴 체계는 물이 지하의 층리면을 따라서 수평으로 이동하면서 성장하고, 수직적으로 발달하는 절리면을 따라서 지하수면에 도달한다. 하천 재생[river resurgence, 보클뤼즈 스프링스(Vauclusion springs)]은 석회암 바닥에서 나타나거나 지하수면이 지표면과 접촉하는 곳에서 나타난다. 동굴 체계는 궁극적으로 붕괴하여 작은 지표 함몰지(돌리네)를 형성하거나 보다 큰 함몰대(폴리예와 우발레)가 되기도 한다.

변성 작용의 정도가 다양하기 때문에 변성암(퇴적암이나 화성암이 열과 압력을, 혹은 동시에 두 가지를 모두 받아 형성된 암석)을 개략적으로 말하는 것은 어렵다. 고도로 변성을 받게 되면 결정질을 가지며, 이 경우에는 기계적 풍화에 강하다. 그러나 화학적 풍화에는 취약한 광물질을 포함할 수 있다. 변성암의 풍화와 침식에 대한 저항성은 화강암과 유사하지만, 판형의 벽개성을 가진 변성암은 박리되거나 휘어지면서 삭박 작용이 가속화된다.

경관에서 침식이 진행되는 동안 보다 약한 암석은 보다 빠르게 침식되는 경향이 있고, 상대적으로 저항성이 강한 암석은 솟아 언덕을 형성한다. 따라서 기복의 공간적인 패턴은 하부의 지질구조를 반영하게 된다(본문 3.1.4 참조). 거대한 암괴 지역의 지형은 이웃한 암석군들 사이에서 대조를 보일 뿐만 아니라 암석 내에서도 연약한 부분인 단층, 절리, 파쇄 패턴과도 대조를 이룬다.

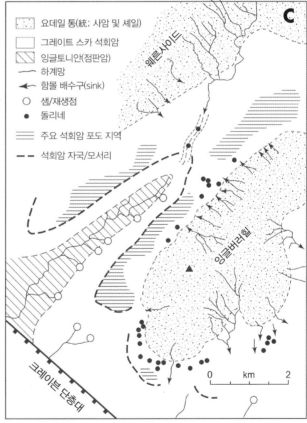

그림 3.3 석회암 지형

A. 석회암 포도. 잉글랜드 요크셔 맬햄(Malham). 정방형 절리. 토양 피복 아래에 형성된 포도의 말단부에서는 둥글게 마식된 세류(rill)들이 나타난다.

B. '린넨카렌'. 마요르카(Majorca). 표면 유출에 의해 형성된 날카로운 세류 모서리를 보여 준다.

C. 요크셔의 잉글버러(Ingleborough) 카르스트 지형도. 잉글버러힐 사면의 사암 및 셰일 지대를 흐르는 하천들이 어떻게 석회암 노두의 함락공을 통해 지하로 스며드는지, 그리고 어떻게 석회암 기저에 위치한 계곡 바닥에서 샘솟는지를 잘 보여 준다.

3.1.4. 지질구조의 지형적 반영

지질구조는 과거 지구조 활동의 결과이며, 상대적으로 단순한 단층과 습곡 구조, 화성암과 관련된 복잡한 구조, 그리고 산지 체계와 같은 더욱 복잡한 구조들을 포함한다. 지질구조의 지형적 반영은 직접적인 구조 자체의 결과일 뿐만이 아니라, 지질구조에 따른 암석 특성에 의해서 혹은 지역별로 침식에 따른 차별적인 침식 저항에 의해서 영향을 받는다. 웨일스 북부의 스노든(Snowdon) 산지를 형성하고 있는 암석들이 오르도비스기 화산암의 습곡의 연속이라는 사실은 산지 지형학과는 거의 상관이 없어 보인다. 그 이유는 플라이스토세 기간 중에 이러한 화산암이 빙하의 침식을 받아 변형되었기 때문이다.

단층은 암석 내부의 파쇄면(fracture plane)을 말한다. 이 면을 따라서 두 개로 나누어진 암괴는 서로 다른 방향으로 이동한다. 이러한 이동은 인장응력(정단층; 단층면을 따라 상반이 상승하는 단층), 압축응력(역단층; 단층면을 따라서 하반이 상승하는 단층) 혹은 수평응력(주향이동 단층; 수직면이나 준수직면을 따라서 수평으로 이동하는 단층)의 결과로 나타난다. 단층은 직접적으로 지형을 변형시키는데, 단층애가 만들어지기도 하며, 주향이동 단층에서는 하천 하도와 같은 기존의 지형들을 수평으로 변위시키기도 한다. 이러한 지형들은 지구조 운동이 활성화된 지역에서만 일어난다. 잘 알려진 예는 캘리포니아의 산안드레아스 단층을 따라 나타난 변위이다. 보다 보편적인 상황으로서 단층의 지형적 역할은 파쇄대를 형성시켜 쉽게 침식하도록 하거나, 인접하여 저항성이 서로 다른 암석 유형이 존재하도록 하는 것이다. 보다 약한 암석의 침식에서는 단층선애(fault-line scarp)가 형성된다.

단순히 단사적으로(單斜, uniclinally) 경사된 퇴적암 상의 지형은 단애 지대(scarpland)로 발달하기도 하는데, 여기서는 보다 저항성이 큰 암석들은 단애를 형성하고, 사면 경사와 단애 경사로 구성된 비대칭 능선을 만들기도 한다(그림 3.4). 단애의 구체적인 형태는 저항성 있는 암석의 두께, 지층의 경사, 전체적인 기복 정도에 따라 달라진다. 잉글랜드 남부(노스다운스, 사우스다운스, 칠턴스, 코츠월즈)와 프랑스 북부에 이러한 사례가 많다. 보다 복잡한 지형은 퇴적암 습곡으로, 대략적으로 향사구조(synclinal structure)와 균열이 나타나는 배사구조(anticlinal structure)에 따른 외향적(outfacing) 단애와 내향적(infacing) 단애가 있다. 이러한 유형의 지형에는 재종하(resequent; 배사능선, 향사계곡)와 역전 기복(inverted relief) 등이 가능하다(그림 3.5).

보다 복잡한 구조에서는 보편적으로 발달해 온 지형이 더 이상 구조 자체의 형성에는 관여하지 못하고, 단순히 연관된 암석들의 차별 침식을 반영하기도 한다. 주요 산계들에서 암석은 복잡한 과습곡(overfold)에 의해 변형되는데, 이를 냅스(nappes)라고 한다. 그러나 기복의 형태는 기복량, 개석, 침식 저항도에 비하면 구조적인 형태에는 덜 영향을 받는다.

화강암 관입에서도 마찬가지이다. 예를 들면, 잉글랜드 남서부의 다트무어(Dartmoor)에서 기복의 패턴은 단순히 화강암의 차별 침식 저항도를 반영한다. 그 주변은 상대적으로 강한 변성암과 셰일암들이 둘러싸여 있다. 전반적으로 산계의 구조가 복잡하지만 전체적인 기복은 지구조적 융기량, 혹은 고산지 체계에서는 지각평형적인 융기 등을 지속적으로 반영하고 있다.

그림 3.4 단애 지형
A. 단애의 지질과 지형의 모형도.
B. 남부 독일의 스바비안알프(Swabian Alb)의 단애. 동향의 지층 경사를 가지는 쥐라기 석회암 지질의 단구.

그림 3.5 습곡 지형

A. 재종하 및 역전 기복 간의 관계 모형도.

B. 이란의 자그로스 산맥에 있는 균열성 배사를 보여 주는 항공사진. 산맥을 횡단하는 하계망은 선행 하계망 혹은 단애를 형성하는 저항성 암석 상부를 덮은 중첩 세일층 하계망으로 해석된다(본문 3.2.1 참조).

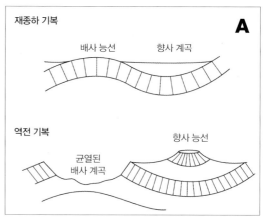

3.2 지역 규모의 형성 작용–하계망

4장에서 지형 형성 과정과 지형 형태 간의 관계를 상세하게 다루겠지만, 여기서는 지구조적 융기에서부터 하계망의 발달과 그에 따른 하부 암석의 하각에 이르는 경관의 침식 과정을 살펴본다.

3.2.1 하계망 진화

하계망 패턴과 하부 지체 구조와의 관계는 장기간에 걸친 경관 진화의 역사를 잘 보여 준다. 하계망은 초기의 융기 패턴에 의해 만들어진 경사도에 의해 시작된다. 이러한 하계망(필종하 하계망, consequent drainage)은 평행 혹은 방사형 패턴을 보여 주는데, 경우에 따라서 지류들이 집중하는 하계망이 되면 수지상(dendritic) 하계망 패턴을 보여 준다(그림 3.6). 경사가 심해지면, 하천은 바닥의 기반암을 하각한다. 하각률은 다음 조건들에 의해 달라진다. (1) 지역적 침식기준면(본문 3.1.1 참조), (2) 하천력(stream power; 하천의 경사도와 홍수 유량과 관련). 이것은 말단부의 침식기준면의 영향과 함께 상류 방향으로 오목해지는 하천 종단면을 나타낸다. (3) 암석의 침식 저항력(하천의 종단면에 영향을 미침).

하각 작용이 일어날 때 산지 사면, 특히 사면 방향이 본류 하천을 향하고 있는 사면들은 변형되고 경사가 급해지면서 새로운 집수형 하계망(적종하 하계망, subsequent drainage)을 발달시킨다. 단순히 단사적으로 경사진 퇴적암 지형에서는 주요 하천과 다소 직교하는 상대적으로 약한 암석대가 나타나는데, 이들이 침식에 약한 관계로 격자상(trellised) 하계망 패턴을 생성한다(그림 3.6).

적종하가 필종하의 초기 하도를 잘라 내어 하도를 가로채면, 하천이 쟁탈되는 것이다. 하천쟁탈(river capture)은 중요한 의미를 내포한다. 쟁탈 지점에서 새로운 하류 쪽으로 유량이 증가하고 하천력도 강화된다. 쟁탈되어 최상류가 된 두부화 하천(beheaded stream)은 힘을 상실한다. 쟁탈 지점에서 원래의 필종하 하천 바닥은 낮아지면서, 보다 낮아진 새로운 국지적 침식기준면을 갖는다. 이것은 하각 파동(wave of incision)을 통해 하천 체계에서 두부침식을 유발한다.

이러한 방법으로 구조에 대한 하계망 패턴의 조정은 하천쟁탈을 통해서 일어난다(그림 3.6). 결과적으로 적종하 하계망 패턴에 의해 필종하 하계망 패턴이 대체된다. 그림 3.7은 소규모의 하천쟁탈 발단을 보여 준다. 저항력 있는 지층의 사면을 따라 흐르는 소규모의 필종하 하계는 보다 깊게 하각된 적종하 하천에 의해 쟁탈된다. 이러한 적종하 하천은 하부를 이루는 고도로 침식된 이회토층의 주향을 따라서 배열되어 있다. 남동 에스파냐에서 나타나는 주요 쟁탈은 5장에서 상세히 다룰 것이다.

그러나 단순한 연속에도 복잡함이 존재한다. 융기가 계속되면, 지구조적인 변형 혹은 지역적 기준면의 저하 등이 발달을 방해하면서, 새로운 하각 파동을 유발한다. 그리하여 체계를 윤회(rejuvenating)시킨다. 윤회는 보다 완만한 경사를 가진 과거의 경관 아래 새겨진, 하계망의 하각에

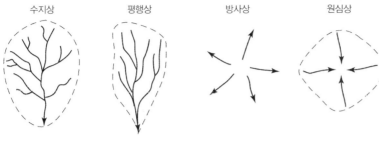

필종하 패턴

수지상   평행상   방사상   원심상

적종하 패턴

격자상

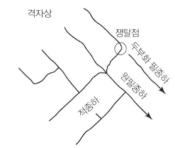

혼란상 하계망
(특히 빙식 작용 후)

그림 3.6 하계망 패턴

(위) 필종하 패턴: 수지상, 평행상, 방사상, 원심상 패턴. (아래 왼쪽) 적종하 패턴: 격자상 패턴. 하천쟁탈점 유의할 것. (아래 오른쪽) 혼란된 불규칙 하계망.

그림 3.7 하천쟁탈: 하천쟁탈 발단의 사례: 에스파냐 남동부 알메이라(Almeira)의 카토나(Catona) 산의 측사면

사진에서 오른쪽으로 비스듬히 흘러내리는 계곡(계곡 곡저는 계단식 농업에 의해 변형)은 원래 북쪽으로 흘렀다. 이 하도가 사진의 동쪽(왼쪽)으로 흐르는 하도에 의해 쟁탈되었는데, 이때 하도의 상부에 급경사의 세곡 작용의 흔적을 남겼다.

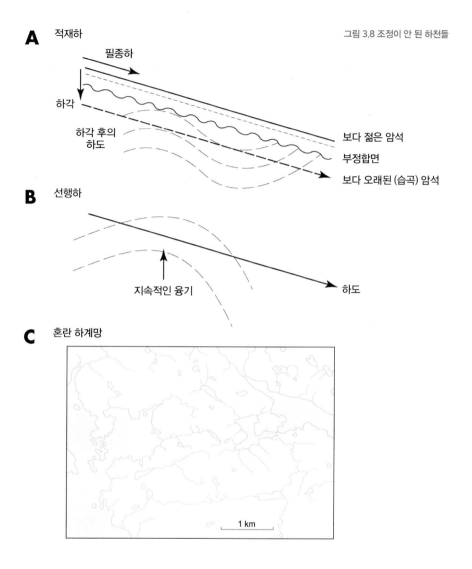

그림 3.8 조정이 안 된 하천들

A 적재하

필종하

하각

하각 후의
하도

보다 젊은 암석

부정합면

보다 오래된 (습곡) 암석

B 선행하

지속적인 융기

하도

C 혼란 하계망

1 km

의해 표현된다.

하계망 패턴과 구조 간 조정의 결핍이 일어나는 또 다른 몇 가지 방식들이 있다(그림 3.8).

1) 표면암에서 유발된 필종하는 지질적인 부정합(unconformity)면을 따라서 매우 다른 구조를 가
진 하부암을 깊게 판다. 그 결과로 하도가 주된 구조를 횡단하는 적재하(superimposed drainage)
를 형성한다.

2) 횡단 하도가 만들어지는 또 다른 원인은 지구조적으로 활발한 지역에서 하도 방향을 가로지르면서 융기가 일어나는 곳에서 발생한다. 그리고 융기율보다 더 **빠른** 하방침식이 일어난다면, 습곡 축을 횡단하는 하천을 만든다. 그 결과로 선행하(antecedent) 하도가 나타난다.

3) 빙식은 하계망을 방사상으로 분산시킨다(혼란 하계, deranged drainage). 이에 따라 하천 발산(river diversion) 혹은 빙하성 퇴적면 등을 만들면서 전체적으로 새로운(때로는 무작위적인) 하계망을 형성한다.

3.2.2. 하계망 구성

하계망 연구에 관한 전혀 다른 접근법이 있다. 이는 기능적인 접근법으로 앞서 논의한 진화론적 접근법과는 반대이다. 이러한 접근법은 먼저 1940년대 로버트 호턴(Robert Horton)에 의해 개발되었으며, 1950년대 아서 스트랄러(Arthur Strahler)에 의해 다듬어진 것으로, 하계망 구성 성분을 위계적으로 구분하는 방법이다. 스트랄러 체계에서는 더 이상 지류가 없는 최상류의 하천을 1차 하천으로 정의하고, 두 개의 1차 하천이 만나 2차 하천을 형성하며, 이러한 방식으로 더 높은 차수의 하천이 된다(그림 3.9). 성숙한 하계망은 먼저 두 가지의 하계망 구성의 법칙을 따른다. 첫째, 하천의 수는 하천차수(stream order)와 기하학적 관계에 있어서 반비례 관계에 있다. 둘째, 하천의 누적 길이는 하천차수와 기학학적 관계에서 정비례 관계에 있다(그림 3.9). 비성숙 혹은 훼손된 하계망은 이러한 이상적인 관계와는 거리가 있다.

이러한 방법으로 이루어지는 하천 분절의 구분은 하천 형태학(morphometry)의 계량적인 연구에 기초를 제공한다. 여기에는 하천차수와 길이뿐만이 아니라, 면적, 형상, 경사 속성 등과 같은 하천 경사도와 유역 분지의 특성 등이 포함된다.

3.3 지역적인 규모 – 진화론

지형에 대한 진화론적인 연구에 함축된 것은 경관의 다발생론적(polygenetic) 기원이다. 경관은 시간에 따라 변화하고 발달하면서, 앞 단계의 상태들을 증거로 보존한다. 이러한 개념을 처음으로 체계화한 학자는 윌리엄 모리스 데이비스(그림 3.10)이다. 그는 소위 '침식윤회(cycle of erosion)'로 불

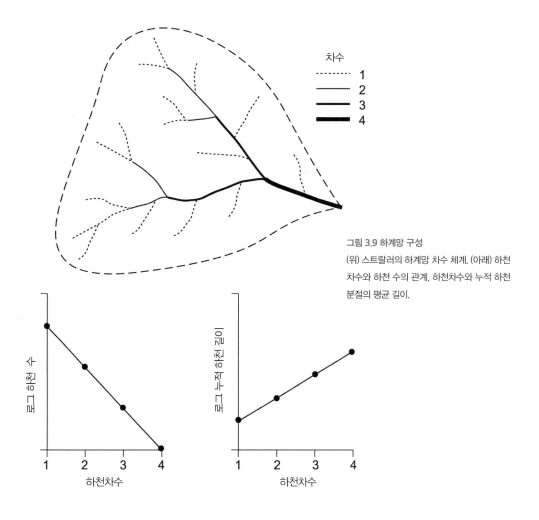

그림 3.9 하계망 구성
(위) 스트랄러의 하계망 차수 체계. (아래) 하천 차수와 하천 수의 관계, 하천차수와 누적 하천 분절의 평균 길이.

리는 개념을 개발하였다. 이에 따르면 초기 융기에 이어 경관은 일련의 단계를 거치게 되는데, '유년기, 장년기, 노년기(youth, maturity and old age)'로 불린다. 유년기 경관은 원래의 지표면(융기 이전)을 다수 보존하고 있으며, 경사가 급한 하천에 의해 깊이 하각된다. 장년기에 이르면, 원래의 지표면이 줄어들면서 구릉지 정도로 남게 되고 하천 계곡은 보다 커진다. 하천 종단면은 오목형(concavity)에 가까워지며, 안정된 침식기준면으로 경사진다. 노년기가 되면 구릉지는 삭박되어 낮아지고 경관은 광대한 평야(준평원, peneplains)의 특성을 가진다. 오늘날 이 개념은 실망스러운 단순한 이론으로 치부되지만, 20세기 전반에 걸쳐 지형학 연구를 지배했다. 이들은 판구조론과 기후변화의 효과라는

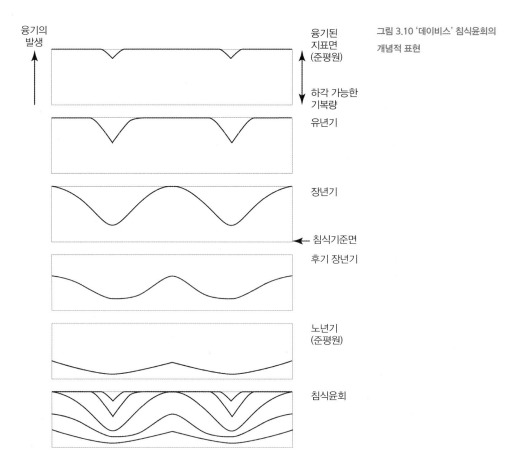

그림 3.10 '데이비스' 침식윤회의 개념적 표현

융기의
발생

융기된
지표면
(준평원)

하각 가능한
기복량

유년기

장년기

침식기준면

후기 장년기

노년기
(준평원)

침식윤회

비현실적인 개념에 근거하며, 형성 작용(process)에 대한 진정한 이해를 고려하지 않았다는 비난을 받았다. 그러나 이 개념의 일부분은 현재에도 분명히 받아들여지고 있다. 침식기준면, 다발생론적 경관 등이 그것이다.

3.3.1 과거 경관의 증거

경관은 과거 상태의 증거를 패턴과 지표면 형태, 퇴적물로 간직한다. 어떻게 하계망 패턴이 장기적인 지형 발달을 반영할 수 있는지는 이미 살펴보았다. 국지적인 암석의 저항성과 관계가 없다면, 사면의 볼록형(slope convexity)은 하각을 강화하면서, 보다 높고 완만한 사면과 보다 오래되고 안정된 경관을 만든다. 이러한 원칙은 상대적으로 활성적인 경관에 적용할 수 있으며, 특히 고원의 개석된 대지(plateaux)가 좋은 사례가 된다(그림 3.11A). 이러한 완만한 경사의 대지면은 하부에 놓인 구조를 절단하며, 따라서 수평에 가까운 침식 저항적인 기반암에 단순히 반응한 것이 아니다. 이러한 대지면은 보다 급경사의 더 젊은 계곡 체계에 의해 하각되며, 따라서 침식면으로 해석되기도 하는데, 이는 개석 이전에 융기된 오래된 경관의 잔유물을 말하는 것이다. 특히 유럽과 미국 애팔래치아의 오래된 칼레도니아(Caledonica)와 헤르시니아(Hercynia) 산계의 단면에서 잘 나타난다.

대지 상부의 침식면(erosion surface)은 20세기 중반에 많은 지형 연구의 대상이 되었다. 그러나 이들 연구는 쉽게 결론을 내지 못했다. 침식면의 기원은 여전히 불확실하다. 어떤 침식면에서는 하각에 의해 부정합면이 노출되는데, 보다 오래된 지질학적 기록을 보여 주는 지형면이 이러한 침식에 의해 다시 드러나기도 한다. 이러한 사례들은 애팔래치아와 런던 분지 주변의 백악 단애의 일부 사면에서 나타난다. 런던 분지에서는 연약한 에오세 암석이 침식되면서 에오세 이전의 과거 지형면이 노출되었다. 침식면에 따라서는 해양 기원도 있지만, 대부분은 너무 광대하고 불규칙하여, 과거 파식대라고 보기 어렵다(본문 4.6.2 참조). 침식면의 정확한 발생 과정에는 많은 의문이 남아 있지만, 과거의 육상 지형면으로 보인다. 데이비스의 개념으로는 과거의 준평원으로 해석될 수도 있다(본문 3.3 참조). 이와 유사한 페디먼트 준평원(pediplains)도 있다. 페디먼트 준평원은 현재의 건조 환경에서 특징적으로 나타나는 암석면인 페디먼트가 연속적으로 결합된 지형면이다(본문 4.2.1.2 참조). 또한 동체평원(etchplains)도 있다. 이것은 제3기에 열대 혹은 아열대 기후하에서 심층 풍화에 의해 발달된 암석면이 깊이 삭박된 지형면이다. 이러한 최근의 해석은 대부분 독일 지형학자들에 의한 것인데, 그들은 열대 토양층에 남아 있는 잔유물로 이를 입증했다. 분명한 것은 표층의 보다 젊은 계곡 체계가 하각되면서 침식면이 보다 오래된 육지면을 드러나게 한다는 것이다. 이러한 사례는 칼레도니아와 헤르시니아의 보다 오래된 고생대 암석에서 잘 나타난다. 여기서는 주로 '계단형(staircases)'의 침식면이 나타난다. 파동성의 윤회를 선도하는 파동성의 조륙 융기(본문 2.3, 3.1.1 참조)가 원인으로 지적되어 왔다. 어찌되었든 침식면은 제3기에 형성된 유물 경관을 보여 준다. 플라이스토세에 침식면은 지속적으로 개석되었다. 현재의 계곡은 침식면의 대지 경관 아래까지 개석된 것이다. 제3기 말의 경관까지 들어간 플라이스토세의 하각은 '알파인'/제3기 지구조 운동 지역에서도 분명히 드러난다. 예를 들면, 에스파냐의 많은 지역에서 제3기 말의 내륙 하계망은 플라이스토세 동안 해양 연결 하계망에 의해 개석되었다.

그림 3.11 다순환적(polycyclic) 경관

A. 프랑스 타른(Tarn) 계곡의 중앙고지(Massif Centrale)의 암석들을 횡으로 절단하는 침식(평탄화)면. 대지면의 지평선까지 지질구조를 횡으로 절단하는, 제3기 말에 형성된 것으로 여겨지는 침식면이다. 또한 깊게 개석된 타른 계곡(사진의 중앙을 수평으로 가로지름)은 대부분 플라이스토세에 형성된 것이다. 침식면 중앙에 위치한 삼각 말단면 정상은 이러한 경관의 발달 과정에서 중간쯤에 있음을 보여 준다.

B. 하안단구(본문 4.3.5 참조). 잉글랜드 체셔(Cheshire) 주의 데인(Dane) 계곡. 하안단구(사진의 오른쪽)는 홀로세 말기에 형성된 보다 오래된 곡저를 보여 준다. 기저에는 자갈이 있고, 그 위를 실트가 덮고 있다. 하천은 곡저를 하각하면서 통과하여 단구 지형을 남겼다. 대략 지난 200년 동안 측방으로 이동하면서, 원래의 곡저면보다 낮은 곳에 새로운 범람원을 만들고 있다(사진 왼편에 단구면의 바닥 반대쪽으로 하상 퇴적이 이루어져 있다).

지형학 입문

경관의 하방침식이 발달하는 동안, 과거 곡저의 흔적들은 하안단구(river terrace) 형태로 남는다(그림 3.11B). 단구의 형태는 과거 곡저의 재구성을 가능케 하고, 그 퇴적물은 퇴적 환경에 대한 정보를 제공한다(본문 4.3.5 참조). 지난 빙기 동안 빙설의 영향을 받은 곳에서 이러한 단구들의 연대는 빙설체들의 용해 이후가 된다. 지난 빙기의 빙설권 외곽 지역, 특히 최빙기의 외곽 지역에서 하안단구는 플라이스토세의 보다 긴 기간에 걸쳐 이루어진 지형 진화의 의미 있는 증거를 보여 준다.

하안단구 퇴적물과 함께 다른 퇴적물도 고환경에 대한 많은 정보들을 알려 준다. 이것은 특히 빙하 퇴적물에서 더욱 뚜렷하다. 더욱 유용한 것은 서로 다른 기원의 퇴적물 간의 층서적인 관계들이 증거가 될 때이다. 4장과 5장에서 그에 대한 적용을 살펴볼 것이다.

3.4 사례 – 유럽의 지역 규모의 지형학

본 장에서는 지역 규모의 지형 발달을 살펴보았다. 2장에서 다룬 전 지구적/대륙적 규모를 지역적 규모와 연계하기 위해, 본 절에서는 유럽의 지역 지형학이 판구조론을 어떻게 반영하는가, 즉 제4기 기후 패턴과 현재의 기후 패턴이 어떻게 중첩되는가를 다룰 것이다(그림 3.12).

먼저 판구조론 이론은 제3기 초기 이후 작동하는 것으로, 일차적으로 대서양 해저 확장과 연계된다. 이 이론은 아이슬란드와 아조레스(Azores)에서의 화산 활동을 설명한다. 퇴화된 열곡 체계는 스코틀랜드 서부에서의 제3기 초기의 화산 활동, 프랑스의 오르베뉴(Auvergene)와 독일의 라인 고지대(Rhine Highlands)에서의 신제3기에서 제4기까지의 화산 활동을 설명해 준다. 판구조론의 두 번째 측면은 아프리카판과 유럽판의 수렴과 관련된 것이다. 제3기 중기의 알프스의 습곡과 냅스(Nappes) 체계의 형성이 그 정점이다. 이러한 활동은 오늘날에도 계속되고 있는데, 그 증거로 그리스와 이탈리아 남부에서의 섭입과 화산 활동을 들 수 있다. 알프스 산계의 다른 곳에서도 신지구조 활동으로 인한 조륙적 혹은 조산 활동 후 융기, 그리고 국지적인 습곡과 단층 활동이 계속되고 있다.

플라이스토세 빙기 동안 대규모의 빙상들이 스칸디나비아와 영국 북부 등을 뒤덮었으며, 동시에 보다 작은 빙모들이 알프스를 덮었고, 보다 작은 빙하들이 유럽 산지들의 다른 지역에서도 나타났다(글상자 3.1). 영구동토층이 나타나는 주빙하 기후는 영국 남부와 서부 및 중부 유럽의 빙하가 없는 지역에서도 나타났다. 스칸디나비아 빙상의 남쪽 경계 아래로 광대한 뢰스 퇴적층이 형성되었다.

동부 유럽 쪽으로는 벨기에와 독일까지 확대되었다. 전 지구적으로 해수면은 낮아졌고, 이에 따라 영국 남부의 대륙붕은 건조한 육지가 되었다.

현재의 기후도 지형 형성 과정에 영향을 미친다. 서부 유럽의 대부분은 온대 습윤 기후이다. 그 범위는 대서양 서안의 온화한 해양성 기후에서부터 동부 유럽의 대륙성(추운 겨울, 더운 여름) 기후까지 걸쳐 있다. 눈은 동부 유럽에서 중요한데, 봄철의 융설에 의한 홍수와도 연관이 있다. 서리, 눈, 얼음의 효과는 고도에 따라 증가한다. 스칸디나비아, 알프스, 피레네 산지는 뚜렷한 산지 기후이다. 강수는 서부와 중부 유럽에 걸쳐 연중 나타나는데, 서부에서는 겨울철에 최대이고, 동부에서는 여름철에 최대이다. 강력한 저기압성 혹은 대류성 폭우는 사면 불안정을 야기하는데, 특히 고원과 산지 지역에서 심각하며, 유럽 전역에 걸쳐 하천 홍수를 일으킨다. '자연적인' 조건들은 대부분의 유럽에서 활엽수림과 잘 발달된 토양층을 유지시키며, 따라서 표토 침식은 미미하다. 그러나 급사면에서는 매스무브먼트가 발생할 수도 있다. 오늘날 삼림 피복의 상당한 부분은 경작지로 대체되었으며, 그 일부는 토양 침식의 한계에 직면해 있다.

지중해성 기후는 남부 유럽 대부분의 지역에서 나타나며, 덥고 건조한 여름과 가을부터 겨울에 걸친 강수가 그 특징이다. 특히 가을철에는 급류가 형성되기도 한다. 지중해성 기후대에서 보다 건조한 지역은 반건조 상태가 되며, 토양 수분의 결핍이 심하다. 이러한 조건에서는 토양층이 매우 느리게 발달한다. '자연 상태'의 지중해성 덤불 관목 지대(scrub woodland)는 넓은 지역에서 오랫동안 행해진 과목(overgrazing)과 토지 남용으로 인해 토지 악화가 심각한 수준에 이르고 있다. 이에 따라 폭우 시에 하천 토사 유출, 표면 침식, 급작스러운 홍수 범람 등이 일상이 되고 있다.

글상자 3.1과 그림 3.12에서 유럽의 주요 지역 지형학을 요약하고 있는데, 세 분류의 요인들이 어느 정도 상호작용하고 있음을 알 수 있다.

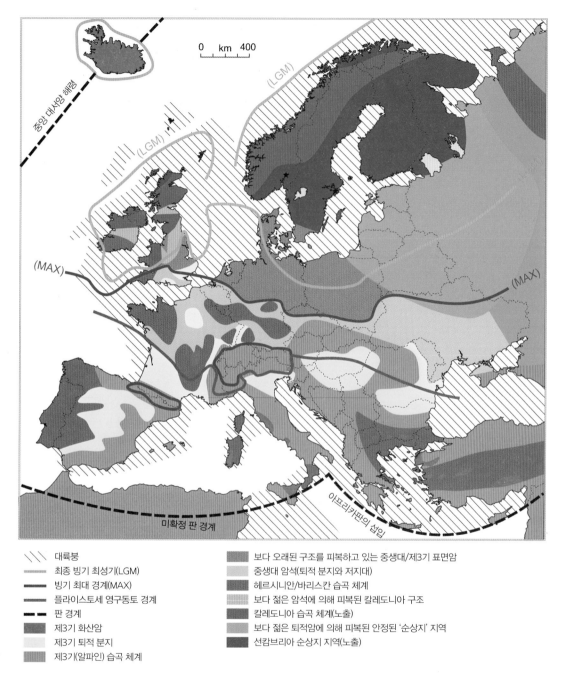

대륙붕

최종 빙기 최성기(LGM)

빙기 최대 경계(MAX)

플라이스토세 영구동토 경계

판 경계

제3기 화산암

제3기 퇴적 분지

제3기(알파인) 습곡 체계

보다 오래된 구조를 피복하고 있는 중생대/제3기 표면암

중생대 암석(퇴적 분지와 저지대)

헤르시니안/바리스칸 습곡 체계

보다 젊은 암석에 의해 피복된 칼레도니아 구조

칼레도니아 습곡 체계(노출)

보다 젊은 퇴적암에 의해 피복된 안정된 '순상지' 지역

선캄브리아 순상지 지역(노출)

그림 3.12 유럽의 지형 지역. 주요 구조적 구분. 플라이스토세의 빙하와 영구동토 한계를 보여 준다.

1 대륙의 오래된 암석의 중심

1a) 오래된 암석이 노출된 곳−발트 순상지

선캄브리아 시대 이후 구조적으로 안정된 지각이다. 오래된 변성암은 풍화, 침식되어 완만한 기복을 이룬다. 이 지역은 플라이스토세 동안 스칸디나비아 빙상에 의해 반복적으로 심한 빙하의 영향을 받았다. 주로 빙식 작용에 의한 것으로, 결과적으로 노출된 기반암과 그 중간 중간의 호수 분지에 의한 불규칙한 경관을 보여 준다. 빙퇴적 지형들은 발트 해안 쪽으로 갈수록 잘 나타난다. 스코틀랜드의 아신트(Assynt) 지방과 헤브리디스 외곽 군도의 일부 지역에서도 순상지 지형이 나타나는데, 이것은 또 다른 선캄브리아 순상지의 잔류물로서, 발트 순상지가 아닌 캐나다 순상지에 합병되었다.

1b) 오래된 암석이 매우 얇고 젊은 퇴적암에 의해 피복된 곳−북유럽 평원

발트 순상지에서 남쪽으로 갈수록 구조적으로 안정된 오래된 암석이 매우 얇은 층리로 이루어진 퇴적암에 의해 피복되어 북유럽 평원이 형성되어 있다. 여기서도 기복은 완만하다. 지형은 전체적으로 빙하성 및 하천−빙하성 퇴적에 영향을 받았다. 주요 하천−빙하성 융설수 하도와 모레인(moraine)이 기복의 주요 형상을 만들고 있다.

2. 두 개의 오래된 산계(오래된 판구조 배경에 연관되며, 대서양 형성 이전의 연대를 가짐)

2a) 칼레도니아 산계(노르웨이, 스코틀랜드, 북아일랜드−그리고 미국 북동부와 캐나다까지 연속됨)

이 산계는 변성 작용, 화성암 관입, 화산 작용, 퇴적암 습곡 등과 관련한 구조 지형을 가진다. 대체로 구조적으로는 복합된 것이지만, 지역에 따라서는 단사적(uniclinal)이거나 완만하게 습곡된 상부 고생대 퇴적암으로 피복되어 있다. 과거의 산지들은 상당히 풍화, 침식되어 대지를 형성하고 있고, 이후에 융기를 받아 깊은 개석도 이루어졌다. 이러한 산지들은 플라이스토세 동안 빙하의 작용을 심하게 받아 산지 빙하 지형 경관을 잘 보여 준다. 노르웨이에는 여전히 빙하가 존속한다.

2b) 헤르시니아 산계(중부 유럽, 프랑스 중부 및 서부, 에스파냐 일부, 영국 남동부, 웨일스 남부, 아일랜드 북서부−애팔래치아 산맥까지 연속됨)

이 산계도 변성암, 관입 화성암, 화산암과 상부 고생대의 습곡 퇴적암 등으로 이루어져 있다. 풍화와 침식을 많이 받아 대지를 형성하고 있으며, 융기에 따른 개석이 많이 이루어졌다. 이들은 현재 연속된 산계라기보다는 분리된 고원형의 지체를 이룬다. 플라이스토세 동안 매우 적은 지역만이 빙하의 작용을 받았지만, 주빙하 작용은 상당히 많이 받았다.

3. 제3기 '알파인' 산계들

3a) 알프스

이 거대한 산계의 핵심 지역은 변성암으로 되어 있다. 일부는 프랑스, 이탈리아, 스위스의 펜닌 알프스(Pennine Alps) 중심 지역의 오래된 헤르시니아 지체들도 포함된다. 암석들은 해체되면서 북향의 스러스트에 의해 거대한 복합적인 과습곡(냅스)으로 변형되었다. 변성암의 보다 젊은 냅스는 베르네스 오버랜드(Bernese Oberland)가 알프스 쪽으로 스러스트가 일어나면서 만들어졌으며, 이들의 북쪽 영역은 알프스 형성 이전의 중생대 백악기 석회암이 습곡된 것이다. 이들의 북쪽은 쇄설질의 스위스 중부 평원이 자리 잡고 있으며, 스러스트가 전면에 있으면서 습곡된 쥐라(Jura) 산맥의 석회암으로 이루어져 있다. 펜닌 알프스의 남동쪽으로는 돌로미티(Dolomites)와 디나르 알프스의 석회암이 있으며, 이들은 남동쪽으로 발칸과 그리스로 연결된다. 플라이스토세 동안 중앙 알프스에는 빙모 피복이 반복되면서 쥐라와 리옹 근처의 론 계곡까지 그 영역이 확장되었고, 북동쪽으로는 독일 알프스 산록까지 나아갔다. 소규모 빙하는 일부 고산지에서 지금도 유지되고 있다.

3b) 다른 '알파인' 산계들(아펜니노, 피레네, 베틱, 이베리아 산계)

아펜니노(Apennines) 산계는 프랑스 해안 알프스로부터 남동쪽으로 뻗어서 이탈리아의 척추 산맥을 형성하고 있다. 아치형의 배열을 가진 주된 알파인 체계와 대조적으로, 피레네 산계는 프로방스 알프스 습곡의 석회암으로 연결되는 보다 오래된 동서 압축적인 경향을 보여 준다. 에스파냐 남쪽에는 일련의 알파인형 산지들이 존재하는데, 보다 고도가 낮은 이베리아 산지와 중앙 산지가 그것이다. 그러나 더 남쪽으로는 고도가 높은 베틱(Betics) 산지가 있다. 이들은 중심부의 변성암과 준베틱(sub-Betic) 산지의 석회암 북부 습곡대로 이루어져 있다. 베틱 산지는 모로코의 리프(Rif)와 연계된다. 이들 2차 산지들 중에서 피레네 산지만이 보다 다양한 규모의 빙하를 가지며, 베틱 산지는 아주 작은 규모의 플라이스토세의 빙하를 유지하고 있다. 피레네는 현재도 소형 빙하를 가진 유일한 산지이다.

4. 산지 사이의 지역: 단애 지역과 저지대 분지

헤르시니아 구조의 융기된 단층 지각 사이와 헤르시니아 구조와 알파인 구조 사이, 그리고 알프스 구조 내와 그 사이에는 상대적으로 낮은 지각대가 존재한다. 이들 저지대는 주변의 고지대와 산지의 지각에 비하여 더 젊은 퇴적암으로 피복되어 있다. 이들 중 일부는 상대적으로 깊이가 얕은데, 보다 젊은 암석이 오래된 구조를 덮고 있다. 예를 들면, 런던 아래의 영국 중부 지대에서부터 남동쪽으로 벨기에에 걸쳐 헤르시니아 구조의 평탄면이 묻혀 있다. 또 다른 사례로는 중생대와 제3기의 뚜렷하게 구분되는 퇴적암 분지들(특히 파리 분지)과 알파인 구조 내부 혹은 그들 사이의 퇴적암 분지들(특히 에브로 분지, 사오네 분지, 에스파냐 남부의 베틱 산지 내에 있는 작은 분지들)이 있다. 알파인 지대 내에 있는 이들 분지는 꾸준한 신지구조 운동의 대상이 되고 있다.

이들 지역은 일반적으로 저지대이다. 그러나 침식에 대한 차별적인 저항성이 있는 퇴적암의 수직 스택(stacks)에서는 단애 지대(scarpland)가 일반적이다. 이들 지역의 대부분은 플라이스토세에 빙하의 영향을 받지 않았다. 그 예외로는 영국의 중앙 지대와 이스트앵글리아(East Anglia), 네덜란드가 있는데, 이들 지역은 북부 유럽 평원과 접하고 있다. 그러나 서부 유럽에서 이들 지역은 주빙하 과정을 겪었다. 다만 이베리아의 퇴적 분지들은 주빙하 활동의 영향을 받지 않았다.

Chapter 04

국지적 규모의 지형학
−형성 과정 체계와 지형

국지적 규모는 지형학의 기본 규모이다. 이는 우리가 인지할 수 있는 규모이다. 하천의 지류, 산지 사면, 해안 절벽 등을 예로 들 수 있다. 또한 지형을 만들어 내는 형성 과정을 이해하는 규모이기도 하다. 국지적 규모에서는 외인적 작용의 지형 형성 과정을 주로 다루게 될 것이다. 이러한 형성 과정은 '퇴적물 계단(sediment cascade)'의 부분을 이룬다(그림 1.7 참조). 이것은 기반암이 풍화에 의해 변형되고, 중력의 도움으로 운반되며, 다음에 설명할 일시적이거나 보다 영구적인 퇴적 작용이 일어나는 일련의 과정을 말한다. 그 결과로 만들어지는 지형은 주로 풍화 지형, 퇴적 지형 혹은 양자의 복합 지형으로 나타난다.

외인적 형성 과정이 우세한 가운데 유일한 예외는 신선한 화산추, 용암류 등과 같은 화산 활동과 신선한 단층애를 만드는 지구조 활동의 직접적인 결과들이다(본문 3.1.2 참조). 그럼에도 상대적으로 짧은 기간 동안에 이러한 지형도 풍화와 다른 지표 형성 과정에 의해 변형된다.

4.1 풍화 체계

풍화는 기계적 혹은 화학적 방법으로 기반암이 파쇄되어 토양으로 유입되거나 지형 운반 과정을 통해 이동 가능한 물질로 변형되는 것이다. 풍화물이 그 자리에 남아 풍화토(regolith)가 되고 침식에 의해 퇴적물 계단으로 유입된다(그림 1.7 참조). 침식은 퇴적물 계단의 작용을 위해 가장 먼저 요구되는 필수 요소이다.

4.1.1 기계적 풍화

암석은 딱딱하면서도 유연한 고체 물질이며, 가해지는 압력에 (소규모로) 반응한다. 화성암, 특히 심성암(plutnic rocks)과 변성암은 대기압보다 훨씬 높은 압력을 받는 지각에서 형성된다. 퇴적암도 그 위를 덮는 암석의 무게에 반응한다. 빙하와 빙상 아래에 놓인 암석도 그 무게의 영향을 받는다. 보다 낮은 대기압에 암석이 노출되면, 암석은 유연하게 늘어난다. 층리를 가진 암석에서 이러한 팽창은 존재하고 있는 층리면을 단순히 확장하는 것이지만, 부피가 큰 암석(예를 들어, 화강암)에서는 지표면에 평행하게 틈을 만든다(그림 4.1A). 이러한 갈라진 틈으로 물이 들어가면 암석의 풍화가 보다 잘 일어난다. 이러한 과정은 압력완화(pressure release) 혹은 하중완화(offloading)에 의한 절리 발달로 불린다.

암석은 열적 팽창의 결과로도 틈을 만든다. 이러한 메커니즘의 효과는 실험실에서 복제 실험을 할 수 없기 때문에 의심을 받기도 했다. 그러나 사막에서 이루어진 최근의 연구 결과, 특히 애밋, 거슨, 맥패든(Amit, Gerson and MaFadden)의 연구에 의하면, 암석의 일조면과 그늘면 간의 매우 강한 온도 차이(gradient)는 틈을 만들기에 충분하다. 각진 암설들로 이루어진 사막 표면(사막 포도, desert pavemnet)은 이러한 방식으로 형성된다(그림 4.1B). 염 환경, 예를 들어 사막의 염평원(salt flat) 근처에서 이러한 과정은 염풍화(salt weathering)에 의해 가속화된다. 비나 이슬에 의해 암석 표면이 젖게 되면, 염분은 암석의 틈 속으로 침전되고, 결정질이 성장하면서 틈을 더욱 크게 만든다.

암석의 파쇄에 관한 또 다른 중요한 메커니즘은 동결융해(freeze-thaw) 풍화이다. 물이 얼면 팽창한다. 암석 틈으로 들어간 물이 얼게 되면, 암석을 파쇄하는 데 충분한 압력으로 작용한다. 물론 이러한 과정은 고위도와 고산 지역에서 더욱 중요하다. 물이 충분히 얼 수 있는 날이 많아 동결과 융해를 충분히 반복할 수 있기 때문이다(그림 4.1C).

동결과 융해의 또 다른 측면은 구조토(patterned ground)의 발달이다. 영구동토대에서 활동층(active layer)의 재동결(refreezing; 본문 4.2.1.3 참조)은 암설과 미립 물질 간의 열적 특성의 차이로 토양에 스트레스를 준다. 그 결과로 지표면 물질 간의 분급이 일어나고, 평탄한 지표면에서 암설들이 다각형을 만들게 된다. 완만한 경사지에서는 이 다각형이 길게 늘어져서 화환 형태가 되고, 보다 경사가 급해지면 줄무늬 형태가 되기도 한다. 토양층이 조금 깊은 곳에서는 암설들이 재배치되면서 토양파상(involution)이 일어난다. 보다 더 깊은 곳에서는 얼음 쐐기(ice wedge)가 만들어진다. 얼음 쐐기는 활동층 동결에 의해 갇힌 물이 동토대의 표면 위로 솟아 빠져나가는 곳에서 잘 만들어진다. 유물 구조토, 토양파상, 화석 얼음 쐐기(얼음 쐐기 주물, ice-wedge casts) 등은 동토 교란(cryoturbation)의 징표인 동시에 과거 플라이스토세에 온대 위도대에 영구동토가 존재했다는 증거가 된다(그림 4.1D, E).

암석에 갈라진 틈을 형성하거나 더 크게 만드는 또 다른 중요한 메커니즘으로 나무뿌리의 작용을 들 수 있다.

4.1.2 화학적 풍화

토양과 암석에서의 화학반응은 그 속을 통과하는 물의 산도와 산소의 활동, 그리고 화학 변화에

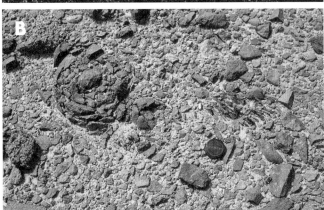

그림 4.1 기계적 풍화 현상 사진

A. 압력완화(하중완화) 절리. 미국 캘리포니아 요세미티 계곡의 화강암. 이들 절리는 계곡 측사면과 평행하며, 빙하 후퇴에 의한 하중완화를 반영한다.

B. 사막 포도 지표면. 이집트 시나이 사막. 암석이 어떻게 갈라져서 사막 포도의 각력을 형성하는지 유의하자. 또한 사막 포도의 각력들 사이의 실트도 유의해서 살펴보자.

C. 서리 작용으로 파쇄된 점판암. 캐나다 로키 산맥.

D. 구조토(암설 줄무늬). 프랑스 몽방투(Mont Ventoux) 지방. 이 줄무늬는 영구동토가 존재했던 플라이스토세에 형성된 것이다.

E. 토양파상과 관련된 다른 지형들. 잉글랜드 서머싯 주의 도니퍼드(Doniford). 노출된 선상지의 자갈과 실트가 플라이스토세에 동토대가 존재했음을 말해 준다.

대한 물질의 민감도에 따라 달라진다. 빗물은 약산성이다. 유기질 토양은 유기산을 배출한다. 따라서 이들 토양을 통과하는 물은 산성을 띤다. 건조 지역의 토양은 알칼리성을 띠는 경향이 높다.

다양한 범위의 화학 작용이 암석의 풍화에 관여한다. 가장 단순한 작용이 용해(solution)이다. 이미 석회암 지대에서 석회암의 주요 성분인 탄산칼슘($CaCO_3$)이 어떻게 약산에 용해되어 '카르스트' 용해성 지형을 만드는지 살펴보았다(본문 3.1.3 참조). 탄산칼슘은 사암에서 입자들을 굳게 결속하는 주요 물질인데, 탄산칼슘이 용해되면 사암은 파쇄되어 모래로 돌아간다. 또 다른 중요한 과정은 일부 광물의 격자 구조에 물이 흡수되는 것이다[예를 들어, 경석고(anhydrite)가 변형되어 석고(gypsum)가 된다]. 이를 수화 작용(hydration)이라 하고, 그 반대를 탈수 작용(dehydration)이라고 한다. 또 다른 작용으로 광물질이 산소를 받아들이거나 상실하는 것이다. 바로 산화(oxidation)와 환원(reduction)이다. 가장 단순한 사례가 금속의 산화 변형이다. 그러나 보다 중요한 것은 풍화의 맥락에서 토양이 산화철의 두 종족 간을 오가는 것이다. 즉 산화하면 제2산화철(적색/갈색 산화철, Fe_2O_3)이 되고, 환원하면 제3산화철(흑색/회색 산화철, Fe_3O_4)이 된다. 산화는 대기에 노출된 환경에서 잘 일어나고, 환원은 산소가 부족한, 물로 포화된 환경에서 잘 일어난다. 박테리아의 작용은 이러한 과정을 보다 강화시킨다. 가수분해(hydrolysis)는 보다 복잡한 화학반응으로, 일반적으로 약산성 조건에서 이온을 교환한다. 이것은 화성암의 주요 형성 광물의 풍화에 간여하는 주된 과정이다. 암석의 풍화에서보다는 토양에서 더 중요한 것으로 최종적인 풍화 작용인 킬레이트화(chelation)가 있다. 이 작용에 의해 점토광물로부터 금속 이온이 분리되어 이동하면서 용탈이 일어난다.

암석 형성 광물들에 따라서 화학반응에 대한 민감도가 다르다. 화성암(그리고 고도의 변성암)의 광물 특성은 지표 상의 다른 광물들과는 매우 다른 환경에서 형성되었다. 따라서 화학반응에 매우 민감하다. 그러나 이러한 민감도는 광물 집단에 따라서도 달라진다(표 4.1). 석영(SiO_2)은 실제로 무디다. 다만 매우 심한 알칼리 환경에서는 어느 정도 용해된다. 장석(K/Na/Ca 등이 결합된 알루미늄 규산염)과 백운모는 가수분해에 의해 풍화되어 점토광물(판형 수화 알루미늄 규산염 복합체)의 혼합 종족들로 변화한다. 그러나 백운모는 상대적으로 화학 변화에 덜 민감한 편이다. 광물들 중에서 산화철 마그네슘 그룹(산화철 마그네슘 규산염 복합체), 흑운모, 각섬석, 휘석, 감람석 그룹은 화학 변화에 대한 민감도가 높으며, 특히 가수분해를 통해 산화물과 점토광물을 만들어 낸다. 퇴적암에 포함된 광물들은 형성 과정에서 풍화 순환을 통해 이미 만들어진 쇄설물(석영, 흑운모, 점토광물 등)들을 포함하고 있다. 보다 민감한 광물들은 교결 물질(cements)과 화학적/생화학적인 침전물 혹은 증발암(특히 탄산칼슘, 산화철, 석고 등)이다. 이들은 지표면 풍화 환경과는 다소 다른 환경에서 형성된 것으로 화학 변화에 민감하다.

표 4.1

A. 풍화 환경에서 화학적 안정도에 따라 순서를 매긴 일차 화성암 형성 광물과 광물군.

석영	SiO_2
백운모	$KAl(AlSl_3)O_{10}(OH)_2$
정장석	$KAlSi_3O_8$
사장석	$Na-CaAlSi_3O_8$
흑운모	$K(MgFe)_3(AlSi_3)O_{10}(OH)_2$
각섬석	규산염 복합체
휘석	규산염 복합체
감람석	$(MgFe)_2SiO_4$

적색은 산성 암석(예: 화강암)의 주요 성분을 나타낸다. 청색은 중성에서 염기성 암석까지의 암석을 형성하는 광물들을 보여 준다. 자색은 일부 산성 암석의 광물들과 중성 암석(예: 섬장암, 석영안산암, 안산암)의 광물들을 보여 준다. 녹색은 염기성 암석과 초염기성 암석에서 나타나는 광물들을 나타낸다(예: 반려암, 현무암).

석영은 화학반응에 무디다. 그러나 기계적 풍화를 받으면 모래가 된다. 다른 광물들은 화학적으로 풍화되면 점토광물이 되고, 산화철 마그네슘은 금속산화물이 된다(특히 산화철).

B. 퇴적암 광물은 화성암 광물(석영, 백운모, 일부 장석)에서 직접 유래된 광물들을 포함하고 있으며, 그 외 주요 광물의 풍화물(특히 점토광물과 철산화물)과 화학적 혹은 생화학적 침전물(특히 방해석, $CaCO_3$)을 형성한다.

C. 변성암은 매우 다양한 광물들을 포함하고 있다. 화성암 혹은 퇴적암을 모암으로 하는 광물들을 포함한다. 여기에 더하여 고강도의 변성암에서는 변성암에서만 나타나는 일련의 규산염 복합체도 가진다.

화학반응에 대한 상이한 광물 민감도는 취약한 광물이 일차적으로 공격의 대상이 되어, 광물 조직이 약화되면서 전반적으로 풍화를 가속화시킴을 의미한다. 화학적 풍화는 물론 암석의 물리적인 특성에도 영향을 미친다. 즉 물리적인 풍화에 취약하도록 만드는데, 결합력과 밀도를 약화시켜서 침식을 용이하게 만든다. 예를 들어, 화강암의 풍화에서 원래의 수직적 균열과 거의 수평적인 압력완화에 의한 절리들은 선택적인 화학적 풍화를 허용한다. 이에 따라 풍화된 화강암은 그루스(grus; 원래의 위치에서 이루어진 풍화 산물)와 이에 둘러싸인 핵석(corestones)을 만든다(그림 4.2A). 만일 그루스가 씻겨 나가면 핵석이 남아 토르(tor)가 된다(그림 4.2B). 열대 아프리카에서는 이와 유사한 지형으로 코프예(kopjes; 노출 암석 노두)가 있다(그림 4.2C).

4.1.3 풍화 체계에 대한 기후의 영향

기계적 풍화와 화학적 풍화 모두가 기온과 수분 조건의 영향을 받기 때문에 풍화 체계에 대한 기후의 조절이 존재한다. 극지방과 고산 지역에서는 동결융해에 의한 기계적 풍화가 우세하고 화학적 풍화는 약하다. 온대 습윤 지역에서는 모든 형성 과정들이 적절히 간여한다. 건조 지역에서는 전반적으로 풍화가 약한 편이지만, 기계적 풍화가 우세하다. 그러나 건조 지역에서도 화학적 풍화를 받는 영역이 분명히 있다(아래 참조). 열대 습윤 지역에서는 화학적 풍화가 강력하며, 결과적으로 매우 깊은 풍화층을 형성한다. 열대와 아열대의 많은 지역, 특히 과거 지질시대의 순상지와 같은 안정된 지표면을 가진 곳[예를 들어, 오스트레일리아 서

그림 4.2 화강암 풍화

A. 핵석. 그루스에 둘러싸여 있다. 남아프리카공화국 케이프타운의 도로에 의해 절단되면서 노출되어 있다.

B. 토르. 잉글랜드 데번 주의 다트무어. 지표면과 평행하게 발달한 (압력완화에 의한) 절리가 잘 나타난다. 수직 절리도 보인다.

C. 코프예. 남아프리카공화국의 노던케이프 주.

부의 일간(Yilgarn) 지괴에서는 엄청난 두께의 풍화층(50m
의 깊이)이 나타난다(그림 4.3A). 토양층 발달의 시간을 따져
보면 제3기까지 거슬러 올라간다. 이러한 층서 단면의 기
저에는 부분적으로 풍화된 기반암이 있고, 그 위로 깊고 붉
은 토양층과 탈색된 바탕에 반점 무늬가 있는 층(pallid then
mottled zone)이 있으며, 상부 지표면은 철각(ferricrete) 혹
은 규질각(silcrete)의 교결피각(duricrust)으로 덮여 있다. 드
물게 기반암이 지표면에 노출되기도 한다. 지표면에 보다
잘 나타나는 것은 교결피각의 노두가 '갈라진 틈으로 분리
(breakaways)'되어 생긴 지표 기복이다(아래 참조).

풍화 작용은 덜 안정된 기반암과 광물질을 보다 안정된
물질로 바꾼다. 예를 들면, 기반암 파편, 석영질 모래, 점토
물질들이다. 가용성 물질의 변형은 수문과 기후 조건에 따
른다. 배수층이 발달한 습윤한 지역에서는 토양층 발달에
따라 가용성 물질의 표백이 일어난다. 이러한 결과물은 비
용해성 하천 하중으로 운반되고, 최종적으로는 바다로 나

그림 4.3 토양층과 풍화 단면

A. 심층 풍화층. 오스트레일리아 서부의 큐(Cue) 근처. 기저부에는 풍화되지 않은
화강암의 핵석이 있고, 그 위로 '탈색층(pallid zone)'의 그루스가 있다. 그 위로는
철각역암(과거에는 라테라이트로 알려짐)이 덮고 있다. 이러한 심층 풍화층은 오
늘날의 건조한 기후보다는 제3기의 보다 습윤한 기후에서 발달한 것이다.

B. 포드졸층. 잉글랜드 컴브리아 주의 하우길펠스(Howgill Fells). 짙은 유기물층
아래에 바로 접하면서 표백된 층이 나타난다. 그 아래에는 철 성분이 풍부한 B층
이 있다.

C. 사막 토양. 미국 네바다 주의 딕시밸리(Dixie Valley). 제4기의 선상지 표면에
발달하고 있다. 지표면에는 성숙한 토양 포도층이 형성되어 있다. 바로 아래에는
가용성 소금을 포함하는 사막 풍성 미립질들로 이루어진 소낭의(visicular) Av층
이 있다. 그 아래에는 짙은 적갈색의 점토질이 풍부한 Bt층이 있고, 더 아래에는
탈색된 탄산염이 풍부한 Bk층이 보인다.

지형학 입문

간다. 국지적으로, 토양층 자체 혹은 다른 곳에서 화학적 환경이 적절하다면 침전도 이루어진다. 냉량 습윤한 지역의 전통적인 토양층은 산성 토양으로, 포드졸이다(그림 4.3B). 여기서는 모든 탄산염이 토양층에서 완전히 용탈되며, 철 성분은 용탈(leaching)되어 보다 깊은 곳으로 내려가서 집적된다. 이러한 토양층의 상태(산화층 혹은 환원층 상태)는 토양층의 배수 조건에 따라 달라진다.

건조한 지역에서의 용탈은 보다 중요하다. 철 성분(ferric iron; 제2산화철)은 토양 상부층에 남아 붉은 색을 띤다. 탄산염은 토양 상부층에서 용탈되지만 보다 아래층에 침전되어 집적된다(그림 4.3C). 이러한 토양생성적(pedogenic) 탄산염은 그 뒤로 습윤과 건조를 반복하면서 대기 중에 노출되면 석회각(calcreate)으로 이루어진 단단한 덮개암(caprock)으로 변형된다. 이것은 건조 지역의 특징인 교결피각의 한 형태이다(그림 4.4A). 이것은 두 가지 면에서 중요하다. 첫째, 건조 지형학의 연구에서 석회각암의 성분은 지표면 형성의 상대적인 연대를 알려 준다(5장 참조). 석회각 내의 칼슘 이온과 우라늄 이온의 결합을 통해 우라늄/토륨 측정법을 이용해 결정 작용(crystallization)의 정확한 연대를 측정한다(5장 참조). 둘째, 피각질의 지표면은 침식에 대한 저항성을 가

그림 4.4 건조 지역의 풍화 관련 현상들
A. 플라이스토세 선상지 퇴적물에서 발달하고 있는 석회각. 에스파냐 남동부의 무르시아(Murcia) 근처. 이러한 토양생성적 석회각은 토양층 내에서 탄산염이 집적된 후 지표에 노출되면서 피각으로 변한 것으로 보인다.
B. 표면경화된 기반암 표면으로, 벌집 풍화(타포니)를 보존하고 있다. 아랍에미레이트 하타(Hatta) 근처.
C. 하천 체계의 말단부. 미국 네바다 사막. 증발암의 염평원.

지며 또한 지표면의 침투 특성을 변화시킨다. 건조 지역의 특징인 석회각만이 교결피각을 형성하는 것은 아니다. 석고각(gypcrete)도 그러한데, 거의 모든 건조 지역에서 나타난다. 반면에 규질각과 철각(위 참조; 과거에는 라테라이트로 알려짐)은 계절적으로 습윤과 건조가 반복되는 열대의 풍화 환경에서 활발하게 일어난다.

건조 환경과 연관이 있는 또 다른 풍화 현상으로는 표면경화(case hardening)가 있다. 지표면에 인접한 기반암(near-surface zones of a rock)에서 용해에 의해 만들어진 염분이 기반암 지표면(surface of the rock)으로 이동하고, 증발에 의해 침전된다. 그 결과로 기반암의 외곽이 견고해져 '표면경화'된 것으로, 그 아래의 부드러운 물질은 타포니(tafoni) 혹은 벌집(honeycomb) 풍화를 받는다(그림 4.4B).

건조 지역 용해의 최종 결과물로서, 특히 표면류에 의해 배수되는 지역에서 일시적으로 형성된 호수에서 퇴적되고 증발되는 건조 환경은 염각(salt pan) 혹은 플라야(playa)를 형성한다(그림 4.4C). 증발암(evaporite)의 염분은 플라야 외곽을 둘러싸는 테두리를 만든다. 이들 증발암의 범위는 방해석에서 석고를 거쳐, 가장 용해에 약하고 증발암의 중심이 되는 할라이트(halite) 혹은 암염(NaCl)까지 다양하다.

4.2 사면 체계

대부분의 경관에서 사면은 처음의 단일한 형태에서 다양한 형태로 복잡해진다. 평탄한 지표면에서도 사면이 전혀 없는 경우는 드물다. 그러나 사면 형성 과정이라고 할 때는 보통 산지 사면(hillslope)을 의미한다. 대부분의 지역에서 산지 사면은 유역 분지의 구성 요소이다(3장 참조). 산지 사면은 수문순환의 메커니즘을 통해 주요 물 자원을 하천으로 공급한다(2장 참조). 또한 산지 사면은 주요 퇴적물(sediment)을 하천으로 공급한다. 기반암 침식이 일어날 때 산지 사면은 퇴적물 이동의 첫 단계가 된다. 퇴적물은 일련의 과정을 통해 산지 사면에서 이동하여 사면 아래로 내려간다. 이러한 퇴적물은 사면 아래로 내려가 퇴적되고, 상당 부분은 하천의 하도로 이동한다. 결과적으로 사면의 형태는 산지 사면 형성 과정의 결과이다.

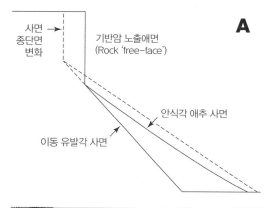

사면 종단면 변화

기반암 노출애면 (Rock 'free-face')

안식각 애추 사면

이동 유발각 사면

A

B

C

4.2.1 사면 형성 작용

사면 형성 작용(hillslope process)은 사면 물질의 특성과 침식, 변형 등의 활동에 따라 애추(scree) 작용, 포상류(overland flow) 작용, 포행 및 유동(creep and flowage) 작용, 산사태의 네 가지 유형으로 나뉜다.

4.2.1.1 암석 낙하와 애추 작용

기계적 풍화에 의해 만들어지는 암석 낙하는 급경사 산지 지역에서의 주요한 사면 작용이다. 때로는 다양한 크기의 암설들이 뒤섞인 대규모의 암석사태가 일어나기도 한다. 보다 제한된 규모에서 보면, 지속적인 암석 낙하는 암석 파편화를 유발하여, 사면 하단부에 암설 퇴적을 형성한다. 이것이 애추이다. 애추는 안식각(angle of repose; 일반적으로 30° 내외)에서 퇴적된다(그림 4.5A). 애추는 때로 사면을 따라 내려가면서 암설의 크기에 따라 분급을 보여 주기도 한다. 보다 큰 암편(clast; 보다 큰 운동량을 가지는)은 사면 아래로 보다 멀리 이동한다. 애추 사면은 수직 암벽을 지탱하듯 '기울어진 지붕 형태(lean-to shed)'로 쌓은 것만을 말하지는 않는다. 오히려 애추는 애추 사면보다 약간 더 기울어진 기반암 사면 때문에 형성되는 퇴적물 쐐기와 같은 것이다(그림 4.5B). 이러한 경사각을 이동 유발각(angle of incipient

그림 4.5 '애추형' 사면의 단면
A. 애추 사면(scree 혹은 talus)의 발달 과정을 보여 주는 모식도.
B. 애추 사면. 캐나다 로키 산맥. 프리티시컬럼비아 주의 요호(Yoho).
C. 노출애면과 직선형 기반암 사면. 얇게 애추가 덮고 있다. 오만의 무산담(Musandam) 지역.

movement)이라고 한다. 이 각도에서 암편은 풍화 분리되는 대로 사면 아래로 이동한다. 시간이 지나면서 절벽은 이러한 각(이동 유발각)으로 후퇴하고, 기반암 사면은 점차 애추에 의해 묻힌다. 이때 애추는 안식각에 약간 못 미치는 경사를 가지면서 결국 안식각에 이른다. 애추는 구릉이나 산지 지역에서 일반적으로 나타난다. 산지에서는 현재와 과거의 형성 작용들이 노출된 기반암벽을 만들어 왔으며, 특히 현재 기계적 풍화가 있는 곳 혹은 과거에 기계적 풍화가 활발했던 곳에서 잘 나타난다. 애추는 건조 지역에서 나타나지만(그림 4.5C), 극지방이나 고산 지대에서도 흔하게 나타난다. 이러한 지역에서는 단순한 애추 형성 과정에서 눈사태에 의해 추가로 암설들이 공급되어 보다 복잡한 형태를 보여 준다. 현재는 동결융해 풍화가 멈춘 지역에서도 화석 애추가 보편적으로 나타난다. 화석 애추는 플라이스토세의 한랭한 상태에서 애추 작용이 활발했음을 보여 준다.

4.2.1.2 포상류

사면 형성 작용의 두 번째 유형은 포상류에 의한 침식과 연관된다. 로버트 호턴에 의해 고안된 단순한 이론으로, 강우 강도가 침투능을 능가할 때(본문 1.4.2 참조) 지표면에 물이 갇히게 되고, 이 물이 사면을 따라 흘러내린다. 기본적인 초기의 흐름은 박류(laminar flow)의 형태를 가지며, 이들이 지표면을 압박하지 않는 경우, 분수계 영역에서 무침식대(belt of no erosion)를 만든다(그림 4.6A). 분수계로부터 거리가 멀어질수록 교란류가 만들어지고, 어느 정도 느슨한 지표면을 파고 들어가기 시작한다. 흐름들이 얕은 세류(rills)로 모이게 되면 풍화된 물질을 이동시킨다. 세류는 기본적으로 지표면의 경사도와 동일한 각을 가지며, 표면 및 세류 침식대(zones of sheet and rill erosion)를 형성한다(그림 4.6A, B). 사면을 따라 유량이 증가하면 침식 압력이 높아져 보다 하부층으로 파 내려가면서 우곡(gully) 하도를 만든다(우곡 침식대, zone of gully erosion; 그림 4.6B). 우곡 흐름이 보다 집중되면 하각이 보다 심해지면서 하도는 산지 사면의 경사도보다 약간 덜한 정도로, 상당한 경사를 띠게 된다.

이러한 호턴의 모형도 두 가지 단점을 가진다. 첫째, 급격하게 침식이 이루어지는 우곡 지형에서는 다른 형성 작용도 기여한다. 약한 매스무브먼트(이류 사태, mudslides)도 침식 과정을 변형시킨다. 토양포화로 인하여 침투능이 영에 이르면 유량이 발생한다(포화 포상류, saturation overland flow). 이러한 유량은 침식에서는 그리 중요하지 않지만, 수문학적으로는 중요하다. 급격한 침식이 일어나는 많은 지역, 특히 깊은 개석이 일어나는 피복 없는 악지형(badland)에서는 갈라진 틈을 따라서 물이 지하로 깊이 침투하는데, 이에 따라 지표면 아래층에서도 교란류를 유지시켜서 터널 침식 혹은 파이프 침식(tunnel or pipe erosion)을 가능하게 한다(그림 4.6C). 많은 악지형 지역에서 파이핑은 지표면 침식에 중요하다. 호턴 모형의 두 번째 결점은 기본적으로 정적 모형이기 때문에 침식 중인 사면에서의 점진적인 발달 과정을 고려하기가 어렵다는 점이다. 이 모형은 우곡 하도가 계속 하각을 하면서 사면에서의 침식을 유지할 때에만 진정성을 가진다. 반면에 우곡 하도의 경사도가 국지적인 기준면에 의해 영향을 받게 되면, 하도는 단순히 공급되는 퇴적물을 운반할 뿐이며, 침식 중인 사면은 더 이상 하각을 하지 않게 된다. 이 경우, 침식 중인 사면은 평행 후퇴(parallel retreat)를 수행하면서 사면 기저부에 소규모의 페디먼트(pediments)를 형성하고(그림 4.6D), 궁극적으로는 넓은 페디먼트 상에 소규모의 침식 구릉을 만든다(그림 4.6E). 페디먼트는(본문 4.2.2 참조) 보다 저항성이 강한 암석에서 형성될 수 있으며, 건조 지역의 특징적인 지형이다. 페디먼트는 지표면에서 표면류에 의해서 퇴적물이 이동할 때 형성된다. 여기서는 얇은 퇴적물 운반층이 형성되지만, 페디먼트 지표면에서 일어나는 주요 형성 과정은 역시 기계적 풍화이다. 사막에서 이들은 사막 포도의 형태로 얇은 표면막을 가진다(본문 4.1.1 참조).

이러한 약점에도 불구하고 호턴 모형은 침식 지형의 이해에 대한 근간을 제공한다. 높은 강우 강도에 잘 나타나는 낮은 침투능을 가진, 식생 피복이 없거나 얇은 식생의 토양을 가진 곳에 잘 적용할 수 있다. 단적으로 말하면, 악지형에서의 우곡 작용은 불안정 상태이며, 양의 피드백(본문 1.5 참조)에 의해 강화된다. 우곡 하도의 하각은 주요 우곡을 따라 유역 면적을 증가시키는 경향이 있으며, 따라서 유량과 하각률도 증가시킨다. 이러한 과정은 장기적으로 음의 피드백이 작용하기 시작할 때 줄어든다. 이웃하고 있는 우곡들 간의 경쟁은 유역 면적을 증가시키는 하각을 막아 준다. 침식에 의해 분수계가 낮아지고 따라서 점진적으로는 침식률이 감소하게 된다.

악지형 혹은 우곡 지형에서는 하계 밀도(drainage density; 그림 3.2B 참조)가 높다는 특징이 있다. 이것은 반건조 지역에서 일반적으로 나타나는 자연 지형이다. 악지형은 다른 기후대에서도 해안단애, 하천단애 혹은 고결이 약한 지표면에서의 산사태 급사면 등으로 나타난다. 이러한 유형의 지형은 인간의 활동에 의해서도 야기되는데, 과목, 토양의 압축, 인위적인 세류를 만드는 쟁기고랑 등이 포함된다. 이들은 과거와 현재의 인간 간섭에 의한 토양 침식의 지표가 된다(6장 참조).

포상류에 의한 사면 침식과 관련된 것으로 퇴적물의 궁극적인 하부이동 체계(down-system fate)

그림 4.6 포상류 침식에 의해 형성되는 지형들

A. 악지형 사면 분수계상의 '무침식대'. 캐나다 앨버타 주. 분수계 바로 아래에서 세곡이 발달하기 시작한다.

B. 우곡이 발달하고 있는 악지형. 프랑스의 북 프로방스. 부드러운 '무침식대'의 분수계, 선형 급사면의 세류 침식, 주요 우곡저에서의 보다 완만한 경사도를 보여 준다.

C. 관상침식 악지형(piped badlands). 에스파냐 남동부 알메리아 주의 소르바스(Sorbas). 왼쪽 사면의 공동(cavity)은 지하의 광대한 관 공망(network of pipes) 입구이다.

D. 제4기 말 기후변화에 대한 지형 체계의 적응을 보여 주는 복잡한 사면 단면. 미국 유타 주의 캐피톨 리프 국립공원(Capitol Reef National Park). 사면의 상부에는 주로 노출애면(free face)과 (현재는 퇴화되고 있는) 애추가 발달한다. 플라이스토세의 보다 한랭했던 시기에 이러한 작용이 활발했던 것으로 보인다. 과거 애추의 하단 부분에서는 현재의 반건조 환경과 연관된 악지형 발달에 의해 침식이 진행되고 있다. 사면의 기저부에서 악지형 형태와 소규모 페디먼트 지형이 특징적으로 나타난다. 이것은 보다 급경사의 세류 사면의 후퇴 작용(recession)의 결과로 보인다. 페디먼트 변환각(pediment angle)에 유의하자(그림 4.10C 참조).

E. 악지형 사면 하부의 대규모 페디먼트 발달. 미국 유타 주의 행스빌(Hanksville) 근처.

F. 산지 사면의 우곡 작용(gullying)과 곡저 우곡 작용(아로요 유형)의 결합. 캐나다 앨버타 주의 드럼헬러(Drumheller) 근처.

가 만들어지며, 이는 인간 간섭에 의한 토양 침식에도 동일하게 적용된다. 퇴적물에 따라서 사면 체계에 저장되기도 하고, 하부 이동에 의해 하천 체계로 유입되기도 한다. 사면 침식 혹은 토양 침식의 정도는 하천의 활동과 형태에 결정적인 영향을 미친다(본문 4.3.4 참조). 극단적인 경우에, 특히 반건조 지역에서, 상류 곡저에서는 퇴적물의 과도한 운반이 이루어져서 하곡을 메우는 원인이 된다. 결과적으로 이러한 곡저 충전물은 하상 우곡에 의해 개석된다. 특히 미국 서부의 아로요(arroyo)가 대표적이다. 이러한 환경에서 심하게 침식된 지형(악지형)은 산지 사면과 곡저의 우곡 작용의 결합을 보여 준다(그림 4.6F).

4.2.1.3 매스무브먼트 작용(산사태 제외)

사면 작용의 세 번째 유형은(산사태 제외; 본문 4.2.1.4 참조) 연약하거나 미고결의 풍화토(regolith) 물질, 풍화층 혹은 토양의 변형을 포함하는 매스무브먼트 작용이다. 풍화층 물질의 활동은 수분 함량의 정도에 따른다. 건조한 조건에서 하중(loading)이 적을 때는 균열/파쇄 정도의 변형이 일어나지만, 수분 함량이 증가하여 소성한계(plastic limit)를 넘어서면 형태적으로 하중 내부의 후면 배열이 변화되면서 변형이 일어난다. 즉 소성 변형 혹은 소성 흐름에 의해 이동이 발생한다. 보다 수분 함량이 많아지면, 활동은 다른 문턱 수준인 액성한계(liquid limit)를 넘어서게 되는데, 이러한 상태에서 물질의 활동은 흐름으로 나타나고, 자체의 무게에 의해 급속도로 운반된다.

매스무브먼트에 의한 사면 작용은 감지할 수 없는 단계에서부터 재앙적인 수준까지 다양하며, 보다 넓은 범위에서 나타나는 경우도 있고 매우 국지적인 경우도 있다. 매스무브먼트의 분류는 표면의 물질 특성(암편, 혼합 암설, 토양 등), 수분의 함량, 이동의 특성과 속도에 따라 다양하다. 그러나 여기서는 가장 흔하게 일어나는 것으로 단순화하여 포행(creep), 솔리플럭션(solifluction), 암설류(debris flow) 등 세 가지 유형만을 다루고자 한다.

가장 널리 분포하면서도 가장 중요한 매스무브먼트 과정이 토양포행(soil creep)이다. 토양은 젖거나 언 상태가 되면 지표면과 직각으로 상승 팽창하면서 파행운동(swell)을 한다. 건조한 상태나 녹은 상태에서 토양은 압축되고 가라 앉는다. 그러나 중력의 작용으로 사면 이동하는 성분이 나타나면서 결과적으로 토양층의 상부는 전체적으로 사면 하부로 이동하게 된다. 이러한 과정은 얼음 바늘이 포함된 경우를 제외하면 관찰하기가 어렵지만, 포행 활동의 증거로는 보편적으로 사면의 나무가 휘어져 있다든지, 토양층의 상층에서 암설들이 재배치되는 것으로 알 수 있다(그림 4.7A). 또한 초지로 이루어진 급사면에서는 테라셋(terracettes)이라고 하는 등고선을 따라 길 단구가 만들어지기도 한다(그림 4.7B). 영국에서는 이러한 지형을 가끔 '양의 길(sheep tracks)'이라고도 부르지만, 이는 방목 동물이 없는 경우에도 형성되며, 토양 미끄러짐 혹은 미세한 규모의 흐름의 결과로 나타나기도 한다.

포행과 유사하지만, 대규모이고 보다 빠른 과정의 솔리플럭션(solifluction)은 영구동토 환경에서 특징적으로 나타난다. 여름철 풍화층 면의 상층부(활동층, active layer)는 융해된다. 그러나 보다 아래층은 녹지 않고 얼어 있는 층(영구동토층, permafrost)이 있어 배수가 불량하다. 사면 물질은 얇게 '둥근머리(lobes)'를 만들면서 아래로 이동하는데, 솔리플럭션으로 뚜렷이 인식이 된다. 경우에 따라서는 사면 전체가 이러한 솔리플럭션 둥근머리로 덮여 있는 경우도 있다. 결국에 이러한 지형은 그 형태가 사라지면서 완만한 사면으로 변하게 된다(그림 2.5A 참조). 이것은 극지방의 산지 사면에서 발생하는 주요한 형성 과정이다. 플라이스토세의 한랭한 시기 동안에 나타난 주요 지형 형성 과정이며, 현재의 온난한 기후 지역에서도 어느 정도 일어난다. 온대 지역에서 이러한 지형의 증거는 부분적으로 사면에 남아 있으며, 특히 '두부 퇴적(head deposits)' 형태로 사면을 피복하고 있다(그림 4.7C). 이들은 보다 미립질의 매트릭스 속에서 각력의 암설들이 들어 있는 퇴적물로 이루어져 있으며, 이들 암설의 주된 단면은 대략 사면 방향으로 잘 나타난다.

그림 4.7 (느린) 매스무브먼트 작용으로 형성된 지형들

A. 풍화된 기반암 암설의 하향 사면 굴곡에 의해 나타나는 지표면 포행의 증거. 북 웨일스 클루이디안힐스(Clwydian Hills).

B. 산지 사면 테라셋. 잉글랜드 컴브리아 주, 엘렌 계곡.

C. 플라이스토세 동안 지속된 산지 사면의 솔리플럭션의 증거. 산지 사면은 두터운 '두부 퇴적물(head deposits)'에 의해 피복되어 있다. 잉글랜드 콘월 주의 북부. 이들 퇴적물은 각진(국지적) 암편들로 구성되어 있는데, 이들은 보다 높은 산지 사면에서 영구동토 조건하에서 동결융해 작용에 의해 공급되었다. 말하자면 솔리플럭션에 의해 사면 하향 운반되었으며, 뻘과 암설 혼합 퇴적물을 흔적으로 남기고 있다. 여기서도 암편들은 사면 하향적인 배열을 보이고 있다.

보다 빠른 흐름 과정으로 다소 하도를 형성하는 모습을 보여 주는 암설류(debris flow)가 있다(그림 4.8A). 이동 물질의 구조는 일반적으로 다양한 크기의 입자들로 혼재되어 있으며, 얕은 사면 유실의 결과로 나타나거나 우곡 내에서의 암설 이동으로 형성된다. 일반적으로 심한 폭우나 융설기에 잘 나타난다. 수분의 양은 흐름 활동의 정도에 영향을 미친다. 상대적으로 수분이 적은 경우(수분한계 이하)에는 접착성 있는 암설류를 형성하는데, 특히 점토 성분이 많다면, 물질 내부의 압축과 인장성에 의해 변형되기도 한다. 암설류는 대형 암편, 거력 등을 지표면에 지탱하기도 한다. '둥근머리형' 퇴적 지형의 모습을 뚜렷이 보여 주기도 한다(그림 4.8A). 둥근머리 아래에서는 유로의 측방면에 제방이 형성되어 있다. 이들 사면에서의 퇴적학적 구조는 다음과 같이 분명히 드러난다. 매트릭스 물질은 내부에 암편을 지탱하고 있으며, 둥근머리의 앞쪽과 표면 쪽에는 보다 큰 암편이 집중되어 있고, 흐름의 전면을 가로지르면서 암편이 배열되어 있다. 흐름은 압축조직(compressional fabric)을 보

그림 4.8 암설류

A. 암설추(debris cone)의 표면에 나타나는 암설류. 잉글랜드 컴브리아 주의 하우길펠스. 암설류의 둥근머리와 제방 지형이 나타난다.
B. 선상지 상의 거력 암설류 퇴적물. 미국 캘리포니아 주의 지직스(Zzyzx). 사진의 상층부에서 거력들의 '압박 조직(push fabric)'이 나타난다.

여 주면서(그림 4.8B), 자연제방을 따라 평행하게 배열되어 있다. 수분 함량이 증가하면, 내부 강도는 붕괴하기 시작하면서 흐름의 속도가 가속화되고, 흐름 체계는 접착성과 유동성의 사이의 전환점에 이르게 되는데, 이는 '과잉집적(hyperconcentrated)' 흐름으로 알려져 있다. 둥근머리와 제방 형태는 보다 덜 두드러지고, 내부 구조는 보다 분산적이 된다. 내부의 암편은 여전히 매트릭스의 지지를 받고 있지만, 흐름과 평행하게 배열하기 시작한다. 그러나 퇴적 상황에서 수분이 많은 매트릭스에서 배수가 이루어지면, 불규칙한 암설 구조를 남긴다. 사면 지형과는 관계가 없지만, 유사한 과정들이 수분이 많은 상황에서 작용하면서 준수분(sub-aqueous) 암설류를 만드는데, 그럼에도 이들은 일반적으로 보다 수분이 많은 조건과 관련되는 퇴적물 속성을 보여 주기도 한다. 암설류는 빙하 말단부에서도 나타나며, 산사태로부터 공급된 암설을 포섭하기도 한다. 산지 지역에서의 보다 빠른 유속

지형학 입문

의 비접착성 암설류는 암설사태(debris avalanche)로 알려져 있다. 암설류의 특징적인 유형으로 화산 폭발과 관련된 라하르(lahar)가 있다. 모든 암설류는 재해의 가능성이 높으며, 특히 라하르가 그러하다.

4.2.1.4 산사태(landslide)

산사태는 물질의 사면 하부 이동의 정도가 매우 크다는 점에서 다른 매스무브먼트와 구분된다. 붕괴 표면(failure surface)은 내부적으로 발달하면서, 호상 혹은 평면상의 형태를 보여 준다(그림 4.9A, B, C). 사면 물질이 빠져나가면 사태 흔적(landslide scar)이 남는다. 여기서는 다른 사면 과정들 (세류, 암설류 등)이 발달하기도 한다. 이동 중인 물질이 퇴적 지대에 안착하면, 그 원형이 보존되면서 엉성한 형태로 배수가 불량한 돌기구릉(hummocky) 지형을 형성한다(그림 4.9D). 또 다른 파생 과정 들도 발달한다(특히 암설류). 실제로 약한 표층 산사태가 사면 암설류 형성의 주요 시작점을 형성하기도 한다(그림 4.9E).

산사태를 일으키는 요인은 다음과 같다.

1) 과도한 급경사: 특히 사면 하단부가 하천이나 해안단애 상태로 굴식이 일어날 때 잘 발생한다 (그림 4.9E).

2) 지질구조: 연약한 암층과 강한 암층이 교대하는 지층보다 약한 암층 내에 전단면이 형성될 때 발생한다. 지층면을 따라 하방 경사가 만들어질 때는 사태 발생을 더욱 조장한다(그림 4.9C).

3) 지하수 조건: 지하수의 집중 혹은 지하수면으로 급경사가 이루어질 때 산사태 발생이 강화된다.

산사태 발생에 대한 방아쇠 작용은 다음과 같다.

1) 사면의 기저부 침식과 사면 지지 물질의 제거.

2) 강한 폭우가 장기적으로 지속되면서 지하수면까지 물이 침투하여 암석층 내부가 포화될 때, 특히 지질적으로 약한 지층에서 더욱 강화된다.

3) 영구동토의 융해.

4) 지진에 의한 충격.

이들 방아쇠 작용이 하나 이상일 때도 있다. 예를 들면, 동남아시아 지역에서 지진이 발생한 후에

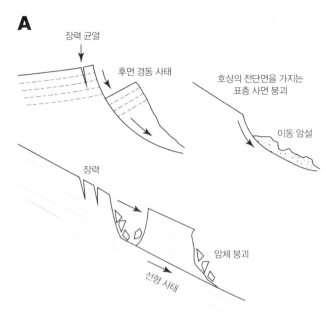

그림 4.9 산사태

A. 선형 및 호상 전단면.

B. 선형 산사태. 잉글랜드 동부 데번 해안. 해안 침식에 의해 불안정한 사면이 만들어지면서 단애 기저부의 트라이아스기 이회암(marls)층의 선형 산사태를 유발한다. 그 위에 있는 보다 강한 백악기 사암층은 이러한 전단면을 따라 미끄러지면서 그 아래에 깊은 틈(chasm)을 남긴다.

C. 급류의 감입곡류 하천 아래에서 발달하는 호상 산사태. 에스파냐 남동부 소르바스 지역. 곡면상의 사태 흔적을 남긴다. 이동하는 물질의 중앙에는 평탄한 경작지가 조성되었다.

D. 잉글랜드 글로스터셔 주 버드립(Birdlip)의 코츠월드(cotswold) 단애에 발달한 미끄럼 사태(landslip). 사태 흔적은 사진 왼쪽으로 나무에 가려져 있다. 사태 암설은 사진 중앙에 돌기구릉면(hummocky ground)을 형성하고 있다. 이러한 미끄럼 사태는 플라이스토세 말기 영구동토들이 녹으면서 일어난 것이다.

E. 소규모 사태에 의한 암설류 발생. 뉴질랜드 남섬의 남부 알프스. 암설추 왼쪽으로 선상지가 보인다.

태풍이 도래하면, 엄청나게 많은 산사태들이 유발된다.

산사태 지역은 활동적인 지역과 비활동적인 지역으로 나뉜다. 예를 들면, 영국의 많은 산사태 지역들은 현재는 비활동적으로 보인다. 지난 마지막 빙기 말기까지 혹은 플라이스토세 영구동토의 융해 시기까지 연대가 올라간다(그림 4.9D). 그러나 산사태 발생은 해안 지역에서의 주요한 지형 형성 과정이다. 그리고 형성 시기가 젊은 산지 지역에서도 특히 잘 발생하여 인간 활동에 심각한 재해를 가져다 주기도 한다(6장 참조).

4.2.2 사면 형성 과정과 사면 종단면에 미치는 기후의 영향

사면 형성 과정에 대한 많은 동인들은 기후적인 요소이기 때문에, 과정 자체와 결과적인 형태는 기후적으로 나타난다. 건조한 환경에서는 매스무브먼트보다는 포상류가 우세하며, 습윤하며 토양 층이 잘 발달한 환경에서는 반대로 매스무브먼트가 우세하다. 극지방에서는 영구동토가 사면 형성 과정에 많은 영향을 미친다. 물론 오늘날 온대 지역의 사면 형태는 과거 플라이스토세의 주빙하 조건에서 발생한 유물 지형일 수도 있다.

과정 자체도 사면 종단면(slope profile morphology)에 영향을 미친다. 연구 결과, 많은 모형들이 제시되었는데, 이들을 단순화하여 4개의 단면으로 제시한다(그림 4.10). 이들은 특정한 과정 체계에서 나온 것이다. 포행과 흐름에 의한 매스무브먼트는 사면 상부가 볼록형이다. 기계적 풍화와 암석 낙하는 노출 기반암의 노출애면(free face) 암체에서 주로 나타난다. 애추 형성 과정은 직선형 사면대에서 주로 나타난다. 포상류 과정은 보편적으로 하단 기저부에서 오목형 사면을 만든다. 이론적으로 이들 단면 상황들이 결합이 되거나, 특정 형성 과정이 특정 사면 형태를 강화하기도 한다. 포행과 흐름은 볼록형을 만들고, 포상류는 오목형을 만들며, 애추 과정은 노출애면과 안식각을 가진 직선형 사면(constant slope)을 만든다. 매우 보편적으로, 이들 이상적인 종단면은(그림 4.10) 사면 형성 과정에서 특정 체계와 병행한다. 예외적인 것으로 산사태에 의한 사면 붕괴와 매스무브먼트가 있다. 대체적으로 형성 과정은 기후의 영향을 받으므로 사면 종단면 형태도 기후의 영향을 받는다. 건조 지역에서의 종단면은 포상류가 주된 과정이므로, 광역의 페디먼트(pediment) 위에서 보다 급사면을 보여 주며(본문 4.2.1.2 참조), 전체적인 형태는 완만한 오목형이 된다. 습윤 지역과 주빙하 지역의 토양 혹은 풍화층으로 피복된 경관은 매스무브먼트가 주된 과정이므로 사면 상부가 볼록형으로 발달

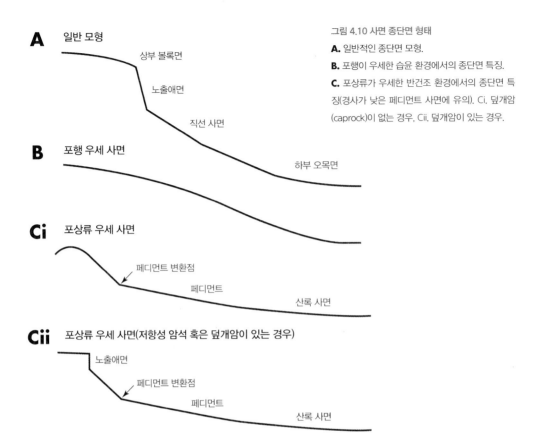

A 일반 모형

상부 볼록면

노출애면

직선 사면

하부 오목면

B 포행 우세 사면

Ci 포상류 우세 사면

페디먼트 변환점

페디먼트

산록 사면

Cii 포상류 우세 사면(저항성 암석 혹은 덮개암이 있는 경우)

노출애면

페디먼트 변환점

페디먼트

산록 사면

그림 4.10 사면 종단면 형태
A. 일반적인 종단면 모형.
B. 포행이 우세한 습윤 환경에서의 종단면 특징.
C. 포상류가 우세한 반건조 환경에서의 종단면 특징(경사가 낮은 페디먼트 사면에 유의). Ci. 덮개암(caprock)이 없는 경우, Cii. 덮개암이 있는 경우.

하는 것이 특징적이다. 산악 지역에서 잘 나타나는 노출 암석의 노출애면은 주빙하 지역과 반건조에서 건조 지역까지 모두 잘 나타난다. 그 이유는 이들 지역에서 기계적 풍화가 화학적 풍화를 능가하기 때문이다.

마지막으로, 퇴적물 계단(sediment cascade)의 측면에서, 하천 체계에 대한 퇴적물 공급원으로서 산지의 기능이 중요하다. 공급원이 불충분한 경우에 그것은 기계적 풍화에 의해 생성된 많은 하천 공급 가능 물량을 산지 사면 자체에 저장(녹설층, colluvium)하기 때문이다. 달리 말하면, 체계의 병행/연계(coupling/connectivity)가 불충분하다는 것이다.

4.3 하천 체계

하천 체계(fluvial system)는 지형학의 핵심 영역이다. 배수 유역은 지역 규모의 경관 진화에서 지표면의 기본 단위(본문 3.2 참조)가 된다. 또한 퇴적물 계단에서 기본적인 기능 단위이기도 하다(그림 1.7 참조). 하계망의 하도에서 흐르는 물은 경관의 장기적인 하천침식 발달 측면에서 일차적인 메커니즘을 제공한다. 또한 고산지에서 저지대로 퇴적물이 운반되는 일차적인 통로이기도 하며, 궁극적으로는 해양으로 운반되는 통로의 기능을 한다.

이 연구 분야는 루나 레오폴드(Luna Leopold)와 고든 울먼(Gordon Wolman)이 수리학 원리를 하천 형성 과정과 하천 지형에 적용한 이래, 지난 50년 동안 많은 발전을 거듭했다. 이들은 수리기하학(hydraulic geometry)의 개념을 통해 하천 유출량이 하천 작용과 형태에 미치는 영향을 강조했다. 즉 하천 지형은 흐름의 조건에 대한 침식과 퇴적의 적응에 따른다는 것이다. 누적적으로 가장 효율적인 힘은 보통의 홍수 유출량과 연관된 것으로(본문 1.3 참조), 발생률로는 매년 몇 차례에서부터 수년에 한 번까지 재발하는 것이 일반적이다.

4.3.1 하천 작용

하천 하도에서 퇴적물의 침식, 운반, 퇴적 작용은 유속과 관련된 퇴적물의 입자 크기에 따라 달라진다. 전통적인 연구로, 70여 년 전 휼스트롬(F. Hjulstrom)은 퇴적물의 침식운반(entrainment)과 퇴적에 요구되는 유속은 그 물질의 입자 크기와 연관이 있다는 것을 주장했다(그림 4.11). 어떻게 모래가 먼저 운반에 참가하는가에 유의할 필요가 있다. 점토는 입자들 간의 접착성 때문에 침식운반을 위해서는 보다 높은 유속이 요구된다. 그러나 부유물로서 운반이 시작되면 물이 일정 시간 동안 정체되는 경우를 제외하고는 불안정 상태가 되어 많은 양이 운반된다. 부유하중(suspended sediment load)은 멀리까지 이동한다. 자갈(gravel), 큰자갈(cobble) 등 보다 큰 입자들은 침식운반을 위해서 더 큰 유속을 요구한다. 이들은 바닥하중(bedload)으로 운반되며, 바닥에서 구르거나 미끄러지고, 튀면서 운반된다. 이들은 퇴적이 일어나기 전 운반에 필요한 유속의 범위가 보다 좁다.

이러한 개념들의 결합으로 하천력(stream power)의 개념이 정립되었다. 하천력은 하천이 침식과 운반을 유발하고 수행할 수 있는 힘을 말한다. 전체 하천력은 홍수 유량과 경사도를 곱한 것에 비례

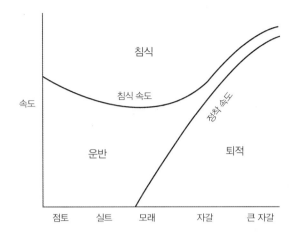

그림 4.11 '흄스트룀' 곡선
다양한 입자 규모에 따른 침식운반과 퇴적과의 유속 관계
를 보여 준다.

한다. 하천 하상 어느 지점에서의 힘을 단위 하천력이라고 하는데, 그 위치의 깊이와 경사도의 곱에 비례한다. 이 힘은 유속과 밀접한 관련이 있다. 윌리엄 불(William Bull)은 이러한 개념을 '임계 힘의 최소요구치(threshold of critical power)'로 발전시켰다. 이것은 하천에 공급되는 퇴적물을 운반하는 데 필요한 힘의 개념이다. 따라서 이 개념은 퇴적물 종속적이다. 만일 실제의 힘이 최소요구치를 훨씬 능가한다면, 하천은 침식을 시작하고, 공급되는 모든 퇴적물을 운반하며, 바닥의 기반암을 깎아낸다. 만일 실제 힘과 임계 힘이 비슷하다면, 침식과 운반은 대략 균형을 이루며, 그 형태는 이러한 조건에 적합하게 조정된다. 임계 힘이 실제 힘보다 훨씬 크다면, 즉 과도한 물질이 공급된다면, 퇴적은 침식을 능가하면서 하천 퇴적이 증대(aggrade)된다.

이들 세 가지 조건(과도한 힘, 균형, 과도한 퇴적물)은 하천 체계에서 형성 작용과 형태 간의 관계로 표현된다.

4.3.2 기반암 하도

기반암을 파고 드는 하도는 높은 에너지를 가진 하도이다. 이러한 하도의 존재는 하천 체계망의 장기적인 진화에 의해 결정되며(본문 3.2 참조), 효율성 높은 하천력을 만드는 요인들에 의해 영향을 받는다. 이들 요인은 퇴적물 공급량과 관련된 홍수력의 증가, 하천 경사도의 증가 등이다. 전자는 빙하 혹은 주빙하 조건의 종말과 같은 기후변화에 의해 퇴적물 공급이 크게 줄어든 경우이다. 마

지형학 입문

지막 빙하의 말기에 많은 하천들은 증대적 체계(aggradational regime; 퇴적물 과잉)에서 하각적 체계 (incisional regime; 퇴적물 결핍)로 전환되었다. 하천 경사도의 변화는 지구조적인 융기 혹은 국지적 및 지역적 침식기준면의 저하 등과 연관이 있다. 국지적 기준면의 저하는 단층 작용에 의해 수반될 수 있는데, 하천에서 하방침식이 일어나면서 지류가 발달하고, 하천쟁탈이 일어난다. 또한 기준면 의 저하는 저항성이 강한 기반암이 파쇄될 때에도 나타난다. 해수면의 저하와 같이 침식기준면의 저하는 새로 노출된 해저의 경사도에 따른다. 하각은 경사도가 충분할 때 일어난다.

기반암 하도(bedrock channel)는 과도한 하천력의 결과이며, 퇴적물의 충분한 누적을 방해한다. 홍수 조건에서 기반암 하도는 충적 하도(alluvial channel)와 대조를 이루며(본문 4.3.3 참조), 일반적으 로 어떠한 유형의 충적평야도 만들지 못한다. 충적 하도에서는 전체 하곡의 유량을 능가하는 홍수 유량을 보여 주면서 하천수가 범람원을 덮으며, 하천 깊이의 증가를 방해하면서 어느 정도 홍수력 의 범위를 보여 준다. 이것은 기반암 하도에서는 일반적이지 않다. 기반암 하도는 가끔 제한을 받는 다. 특히 협곡(canyon) 환경에서 그러하다(그림 4.12A). 홍수력은 홍수 흐름에 비례하여 증가한다. 제 한을 받는 유곡(gorge)과 협곡에서의 엄청난 홍수력은 거력을 침식하고 운반하기에 충분하다.

기반암 하도는 균형 형태가 아니며, 빠른 속도로 진화한다. 침식의 효과는 궁극적으로 하천력 을 감소시킨다. 침식이 기본적으로 수직적으로 이루어진다면, 변곡점(knickpoint) 혹은 두부침식 (headcut)의 작용은 상류 쪽을 향한다. 그 결과 하류 쪽으로는 경사도가 줄면서 결국 하천력이 감소 한다. 만일 침식이 하도 폭을 넓히면서 측방으로 진행되면, 단위 하천력에서처럼, 하천의 깊이는 감 소한다. 장기적인 결과를 보면, 기반암 하도의 단위 하천력은 궁극적으로 감소하면서, 어느 정도 퇴 적물이 쌓이는 것을 허용하고, 기반암 하도에서 충적 하도로 전환된다.

기반암 하도의 지형은 하상 기반암의 특성(단일 암괴상, 평면상, 절리상 등)을, 하천 총력(gross power)은 전반적인 경사도 등을 반영한다. 극단적인 경우, 계곡 하상 종단면에서 계단을 가진다. 이 것은 저항성이 강한 기반암대가 버티고 있거나, 과거의 지형학사에서 보듯이 특히 빙하기에 만들어 진 암석 계단 혹은 현곡에 의한 것이다(그림 4.12B, C). 경사가 보다 낮아진 곳에서는 급류대(rapids) 정도를 만들거나, 상대적으로 부드러운 기반암 절단면을 보여 준다.

하각을 하는 동안 측방침식이 많이 이루어지는 곳에서는 결과적으로 기반암 감입곡류(incised bedrock meander)를 만든다(그림 4.13A). 감입곡류는 일반적인 지구조적 융기대에서 잘 나타난다.

예를 들면, 콜로라도 대지, 프랑스의 중앙고지, 프랑스, 벨기에, 독일의 국경을 따라 나타나는 아르덴/라인(Ardennes/Rhine) 고지 등이다. 만일 곡류가 오늘날보다 몇 배 많은 유량을 가졌던 과거에 만들어졌다면, 그리고 그 이후 유량이 극적으로 줄어서 하곡에 퇴적을 허용했다면, 그 결과로 곡류 계곡의 충적에서는 부적합 하도(misfit stream)가 발달하는데, 상대적으로 현재의 하천 특징(본문 4.3.3 참조)을 보여 준다. 이들의 대부분은 계곡 곡류보다 규모가 작은 편이다(그림 4.13B).

4.3.3 충적 하도

충적 하도(alluvial channel)는 기반암 하도와 다르다. 하천 자체에 의해 만들어진 범람원 퇴적물에서 최소한 하나의 하도 퇴적층이라도 절단된다는 점에서 그러하다. 하천 퇴적물의 입자 크기는 거력부터 실트와 점토까지 다양하다. 실트와 점토는 부유 상태로 운반되는 경향이 있으며(그림 4.14A), 폐쇄된 저지(slack)에서만 퇴적된다. 이들은 범람원 표면에서 충적층 흐름(overbank flows) 동안 엽리상의 실트와 점토층을 만들면서, 수직적 부가(vertical accretion)에 의해 퇴적된다. 다른 방식으로는 하도

그림 4.12 기반암 하상 지형
A. 기반암 하상. 캐나다 로키 산맥의 요호 협곡(Yoho Canyon).
B. 기반암 계단에 의해 만들어진 폭포. 잉글랜드 요크셔의 에이스가스 폭포(Aysgarth Falls).
C. 현곡 폭포. 프랑스 알프스의 레 에크랑(Les Ecrins).

지형학 입문

그림 4.13 감입곡류 지형

A. 감입곡류. 남동 에스파냐 알메이라의 타베르니스(Tabernis).
B. 부적합 하도 지도. 잉글랜드 옥스퍼드셔 주의 에벤로드 강
(Evenlode River). 대규모 계곡 곡류들 내의 소규모 현재 곡류들.

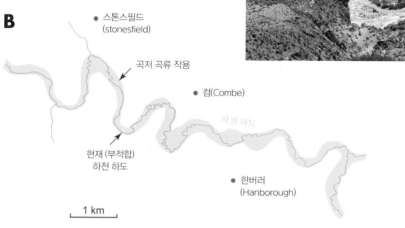

내의 '죽은(dead)' 영역에서 퇴적된다. 모래는 바닥 근처에서 운반되는 경향이 있다. 그러나 홍수 시에는 범람원 표면에서 측면상으로 퍼져 운반될 수 있다. 이들은 연흔(ripple) 혹은 둔덕(dune)을 만들거나, 단순히 자갈 퇴적물의 메트릭스가 되기도 한다. 보다 굵은 퇴적물(자갈, 큰자갈, 거력 등)은 바닥 하중으로 운반되는 경향이 있으며, 퇴적 시에는 톱(bar)의 형태를 띤다. 국지적으로 톱의 하류 끝머리에 퇴적된 자갈들은 사층리(似層理, cross bedding)를 보여 준다. 그러나 톱의 표면에 퇴적된 것들은 비늘상 조직(인편 조직, imblicate fabric)의 특징을 가진다. 이 조직은 암편이 하류 방향으로 경사지면서 흐름의 방향을 횡단하는 면상으로 종단축을 가진다(그림 4.14B). 범람원 퇴적물의 침식 노두 단면은 범람원 표면이 실트 혹은 모래로 피복된 기저부 사력퇴(모래 혹은 자갈) 형태를 보인다.

충적 하도는 침식과 퇴적 작용을 모두 수행한다(그림 4.14C). 대부분의 경우, 하도의 형태는 보편적 규모의 홍수 체계(flood regime)와 침식, 퇴적에 의한 퇴적물 플럭스(sediment flux)에 대한 역방향의 피드백(본문 1.5 참조)이 일어나는 시기에 조정된다. 홍수 체계나 퇴적물 공급에 있어서 지속적인 변화가 일어나면, 하도 체계가 새로운 동적 균형을 다시 획득하기 전까지 순 침식 혹은 순 퇴적의 기

간을 갖는다. 극단적인 경우에 평형은 붕괴되고, 하도
는 지속적인 하각 혹은 퇴적만을 하게 된다.

하도 크기는 보편적 규모의 홍수 체계를 반영하는데,
유량이 증가함에 따라 하도의 폭과 깊이는 하류로 갈수
록 증가한다. 그러나 하류로 갈수록 깊이에 비해 폭이
더 빨리 증가하는 경향이 있다. 이것은 하도의 횡단면
형상으로 알 수 있다(깊이에 대한 폭의 비율로 표현). 또
다른 중요한 것은 퇴적층(bank)의 침식 저항성이다. 부
유하중에 의한 하천 충적물(alluvium)은 실트와 점토가
주를 이룬다. 반면에 바닥하중에 의해서는 주로 모래
성분이 퇴적된다. 사질성 충적물로 이루어진 하천 퇴적
층은 쉽게 침식되면서, 결과적으로 보다 폭이 넓고 얕
은 사질성 물질의 하도(바닥하중이 주도)를 이룬다. 반면
에 실트와 점토로 이루어진 하도는 접착성이 보다 높아
지면서, 보다 깊고 좁은 하도(부유하중이 주도)를 형성한
다. 폭이 넓고 얕은 하도는 바닥하중 운반에 보다 효과
적이지만, 흐름에 대한 저항성은 더 커진다. 따라서 경
사도가 높아진다. 혼합 퇴적물 하중의 하도에서 퇴적층
은 실트성이 높아지지만, 모래와 자갈은 바닥하중으로
퇴적된다. 자갈에서는 모래에서보다 경사도가 커지고,
실트나 점토에서보다는 더욱 커진다. 이것이 이상적인
'전통적' 오목형(concave) 하천 종단면의 근거가 된다.
하류로 갈수록 유량이 증가할 뿐만 아니라 퇴적물도 보
다 미립질이 된다.

하도의 횡단면 모양은 하도의 패턴(하도의 평면도)
을 반영한다. 홍수 시의 흐름은 하도를 따라 직선으

그림 4.14 하천 퇴적물과 충적 하도

A. 프레이저 강(Fraser River, 뒤)과 톰프슨 강(Thmpson River, 앞) 사이의
대조적인 부유하중. 캐나다 브리티시컬럼비아 주의 리턴(Lytton). 톰프슨 강
은 리턴의 상류 호수 분지에 퇴적되면서 하중의 상당 부분을 상실한다.

B. 사우스타인(South Tyne) 강변의 큰 자갈 톱(cobble bar). 잉글랜드 노
섬브리아의 홀트휘슬(Haltwhistle). 흐름에 역행하면서 배열되고 상류 쪽으
로 경사진, 비늘상 암편 모습이 보인다.

C. 충적 하도. 잉글랜드 체셔 주의 대인 강(Dane River). 한쪽 퇴적층(왼쪽)
은 침식을 받고 다른 쪽(오른쪽)에는 퇴적이 일어난다. 범람원 표면은 하도
의 범위를 효과적으로 제한한다. 그림 4.12A와 같은 기반암 하도와 대조를
이룬다.

그림 4.15 이차 흐름, 소, 여울

A. 이차 흐름의 표면 현상. 캐나다 앨버타 주의 벨리 강(Belly River). 하도의 소용돌이(하도의 오른쪽 끝과 가운데 왼쪽). 내려가는 물과 그 사이의 부드러운 '끓는 돌기'(boils)들을 보여 주는데, 이것은 오르는 물을 나타낸다.
B. 소와 여울 연속체. 잉글랜드 콘월 주의 캐멀 강(Camel River). 소의 평탄한 수면과 여울의 부서지는 표면이 대조된다.
C. 굽어진 모래톱(skew shoal) 발달. 미국 캘리포니아 주의 살리나스 강(Salinas River). 반대편에 형성되는 소와 교대하면서 반복적으로 발달하며, 여울과 연결된다.

로 이동하지 않는다. 대신에 일련의 이차 흐름 세포(secondary flow cell)를 이루며 반전하기도 한다(그림 4.15A). 세포는 하향하면서 바닥을 굴식하고, 상향하면서 퇴적을 이룬다. 상대적으로 좁은 단일 줄기(single-thread) 하도에서는 한두 개의 이러한 세포들 간에 교대 현상이 나타난다. 그러나 보다 넓고 얕은 하도에서는 여러 개의 교대 세포들이 존재한다. 세포형 흐름은 하류로 가면서 굴식과 퇴적의 교대 작용을 유발하여 잘 알려진 대로 소와 여울 연속체(pool and riffle sequence)를 만든다(그림 4.15B). 소와 여울의 면적 규모는 하도의 폭과 연관된다. 단일 줄기 하도에서 소는 하천의 양안에 번갈아 가면서 나타나는 경향이 있으며(그림 4.15C), 퇴적층 침식대와 연관이 깊다. 그 결과, 완곡(sinuous) 하도에서 곡류 하도(그림 4.16, 4.17)까지 그 형태가 다양하다(곡류대의 정점에 소가 있으며, 이들 사이에 얕은 여울이 있다). 기하학적 형태는 하도의 규모와 횡단면 형태를 반영하며, 홍수 환경과 하천 퇴적물 유입량(sediment flux)도 반영한다. 곡류는 차단(obstruction)의 결과가 절대 아니다. 곡류는 자연의 메커니즘으로, 하천이 가장 효율적인 방법으로 에너지를 흡수하고, 극단적인 경우에는 완만한 '이중 편자(double horseshoe)' 곡선(그림 4.17A)을 만들기도 한다. 차단은 곡류를 왜곡하는 경향이 있다.

보다 넓고, 얕으며 바닥하중이 주된 하도에서 흐름의 패턴은 보다 복잡하여 굴식과 모래톱 형성 등의 다중적 패턴을 보이며, 사퇴(sand bar)와 자갈퇴(gravel bar)

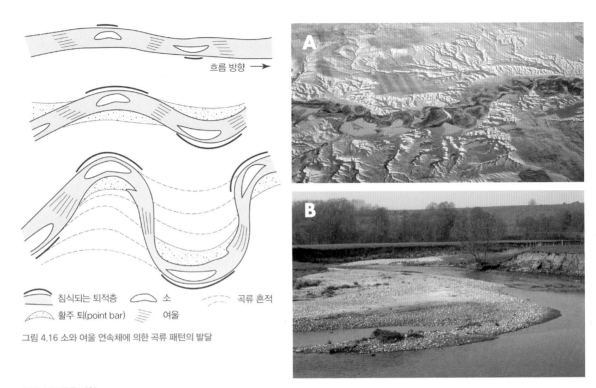

흐름 방향

침식되는 퇴적층   소   곡류 흔적

활주 퇴(point bar)   여울

그림 4.16 소와 여울 연속체에 의한 곡류 패턴의 발달

그림 4.17 곡류 지형

A. 공중에서 바라본 곡류. 미국 몬태나 주 매리아스 강(Marias River). 유로는 왼쪽에서 오른쪽으로 흐른다. 거의 완벽한 '이중 편자' 형태의 곡류를 보여 준다. 하각이 나타나는 계곡의 측사면에 인접하여 우곡 지형면들이 나타난다.

B. 지상에서 바라본 곡류. 잉글랜드 체셔 주의 대인 강. 하곡은 대부분 저위 단구와 그 아래 활성적인 범람원(사진 중앙 오른쪽)으로 이루어져 있다. 곡류대 (meander bend) 외곽의 침식 퇴적층과 곡류대 내부의 활주퇴에 자갈 퇴적이 보인다. 전면의 하도는 왼쪽에서 오른쪽으로 흐른다.

를 형성하면서, 망상 하도(braided channel) 체계를 이룬다(그림 4.18A). 흐름이 적은 경우에는 이동하는 사퇴와 자갈퇴가 갑자기 발달하기도 하는데, 시간이 경과하면 식생으로 피복되면서 보다 안정된 하중도로 발달한다. 망상 작용(braiding)의 메커니즘에는 두 가지 특징이 있다. 하나는 하도의 확장과 하중퇴(mid-channel bar)의 퇴적(일차 망상 작용)이고, 다른 하나는 범람원 상의 홍수 유량의 월류 현상과 범람원 내에 과거 버려진 하도의 재작용과 굴식(이차 망상 작용)이다. 대부분의 망상 하도에서는 이 두 가지 메커니즘이 동시에 작동한다. 망상 작용은 다량으로 유입되는 퇴적물에 대한 반응이지만, 반드시 매적 작용(aggradation)의 표시로 볼 필요는 없다. 넓고 얕은 하도의 경사도가 높아지면, 망상은 대량의 입자가 큰 바닥하중 퇴적물을 운반하는 데 효율적이다.

이들 두 가지 이상적인 하도 패턴에는 몇 가지 예외들이 있다. 단일 줄기 하도에서는 경사가 너무 작거나 침식에 대한 퇴적층의 저항력이 너무 커서 곡류를 만들 만한 침식이 일어나지 않는다면, 좁고 부드러운 굴곡의 비곡류 하도가 된다.

곡류 하도와 망상 하도 사이에 있는 점이적인 하도 유형으로, 고원 지대에서 바닥하중이 주를 이루는 체계에서 일반적으로 나타나는 자갈 하상의 방랑 하천(wandering river)이 있다(그림 4.18B). 하도가 전형적인 곡류 하도보다 폭이 넓고 더 얕아서, 유사 곡류 하도 형태로 방랑하는 경향을 보인다. 이 사퇴는 곡류대 내부에 있는 퇴적 사퇴보다 규모가 크다. 그러나 진성 망상 유형에서는 하중-하상 사퇴보다는 하도 변 사퇴가 주를 이룬다.

다중 하도의 두 번째 유형은 낮은 경사를 특징으로 하는, 뻘이 주를 이루는 체계이다. 이들은 하나의 망상 하도보다는 몇 개의 분리된 하도들로 작동한다. 개별적인 하도들은 곡류를 잘 하지만, 상대적으로 안정되어 있으며 하도 이동률은 낮은 편이다. 이들은 매적적인 하도의 경향을 보이며, 자연 제방이 만들어지면서 굴곡이 생기고, 이들 배후에 배후습지 형태로 매적 하도보다 고도가 낮은 범람원을 형성한다. 하도 변화는 일반적으로 홍수 발생 동안의 월류 범람(제방 붕괴, avulsion)에 의해 일어난다. 제방이 붕괴되면서 배후습지의 범람원을 관통하는 새로운 하도가 안정적으로 조성된다. 이러한 하도를 합류 하도(anastomosing channel)라고 한다(그림 4.18C). 이들은 상대적으로 낮은 에너지의 하도이며, 상당히 높은 에너지를 가진 망상 하도와는 잘 구분된다. 이들과 유사한 하도는 해안 하구역에서 잘 나타난다.

1950년대의 이러한 전통적인 연구들에서, 레오폴드와 울먼은 홍수 유출량과 경사도에 근거하여 곡류 하도와 망상 하도 간의 임계 조건을 인지하였다. 그 후의 연구는 이러한 개념에 다른 하도 유형들을 보완하였으며, 퇴적물의 역할을 보다 고려하게 되었다(그림 4.19A, B).

4.3.4. 충적 지형

4.3.4.1 범람원

범람원(floodplain)은 충적 하천 체계의 필수적 요소이다. 범람원은 하상에 저장된 유수 퇴적물로 이루어져 있다. 하도의 유형에 따라 범람원의 종류도 다양하다. 곡류와 망상 체계에서는 하도의 측

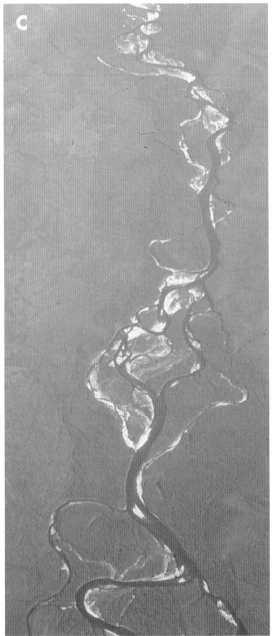

그림 4.18 분화되는 하도

A. 자갈 하상의 망상 하도. 뉴질랜드 남섬의 하스트 강(Harst River).

B. 새로운 자갈을 퇴적시키는 대규모 홍수 후에 방황하는(wandering) 자갈 하상 하도. 잉글랜드 컴브리아 주 하우길펠스의 랑데일벡(Langdale Beck) 하천.

C. 공중에서 바라본 합류 하천(anastomosing channel). 러시아 시베리아. 흐름 방향은 카메라에서 멀리 떨어진 북쪽으로 향한다.

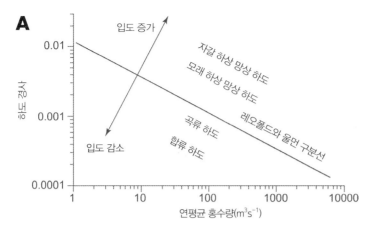

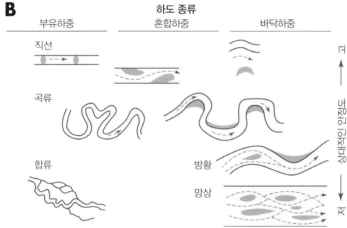

그림 4.19 하도 패턴

A. 홍수 유량과 하도 경사도에 기반을 둔, 곡류 하도와 망상 하도를 구분하는 레오폴드와 울먼의 전통적인 다이어그램. 합류 하도가 추가로 도표상에 표시되어 있다.

B. 하천 패턴 유형의 체계.

방 이동의 정도에 따라, 범람원이 사퇴 퇴적과 하중도 안정화에 의해 지속적으로 성장하게 되며, 사퇴의 이동과 퇴적층 침식에 의해 줄어들기도 한다. 대부분의 이러한 범람원의 표면은 다양한 연대의 조각들로 구성된다(그림 4.20). 범람원 퇴적물은 홍수 역사와 하도 변동에 대한 퇴적학적 기록을 간직한다. 주로 부가적 범람원(accretionary floodplain)은 장기적인 매적의 기간을 가지며, 거의 드물지만 때로는 파국적인 홍수에 의해 감소되기도 한다.

범람원은 또한 하도의 물리적인 한계로서도 기능한다. 범람원에서는 퇴적층을 덮는 일시적인 홍수 범람이 일어나기도 한다. 이것은 하류에서의 최고조 홍수의 심각성을 감소시켜 주기도 한다. 그러나 단면도상에서 보면 유용한 하천력을 제한하기도 한다. 하천과 토지 관리의 입장에서 보면, 범

그림 4.20 범람원

A. 곡류 하천의 범람원. 북 웨일스 랭골런(Llangollen) 근처의 디 강(Dee River). 범람원 표면에는 다중적인 조각들이 보인다.

B. 캐나다 브리티시컬럼비아 주의 톰프슨 강. 곡류대를 자르는 범람원 하도가 나타난다. 범람원 내에서 서로 다른 식생이 어떻게 각각의 연대와 퇴적물 다양성을 가지는지 유의할 필요가 있다. 유로는 왼쪽에서 오른쪽으로 향한다.

람원은 홍수에 대해 열려 있어야 한다. 범람원은 건물을 지을 수 있는 장소로서는 적절하지 않다!

4.3.4.2 선상지

선상지는 범람원과는 또 다른 퇴적 지형이다. 정의에 의하면 선상지는 평형적인 지형이 될 수 없다. 선상지는 순수한 퇴적물 축적의 결과물이기 때문이다. 선상지는 보다 장기간에 걸쳐 퇴적물을 저장한다. 선상지는 퇴적물을 담은 하천이 퇴적물 운반력이 현저히 감소하는 지대로 들어갈 때 형성된다. 따라서 퇴적물, 특히 조립의 암편들은 사면이 시작하는 정점에서 멀어질수록 방사상으로 펼쳐지는 삼각원추형의 퇴적 지형을 형성한다. 선상지의 공통적인 중요한 지형적 상황은 두 가지이다(그림 4.21). 하나는 선형의 산록으로, 단층에 의해 만들어졌거나 단순히 산지와 페디먼트의 경계선일 수도 있다. 다른 하나는 지류 계곡이 주 계곡으로 들어가는 지류 합류 지점이다.

선상지는 건조 지역에서 보편적이다. 그러나 다른 기후대나 고지대에서도 나타난다. 규모의 범위는 매우 넓어서, 히말라야 산록에서와 같이 길이가 수십 킬로미터에 이르는 거대한 것(거대 선상지, megafan)에서부터, 작은 것은 수십 미터의 선상추 형태도 있다. 또한 퇴적 과정도 다양하여, 암설류에서부터 포상류 혹은 곡류, 망상류, 합류 하천 등에 의한 하천 퇴적에 이르기까지 다양하다. 선상지의 표면 지형은 보편적으로 홍수와 퇴적물 환경에 적응하여 나타난다. 암설류는 상대적으로 경사가 급한 곳에서 퇴적되며, 제한을 받지 않는 포상류는 중간 정도의 경사지에 퇴적되고, 하도를 가진 하천류는 보다 낮은 경사에서 나타난다. 만일 홍수와 퇴적물 환경이 시간에 따라 변화하면 선상지는 침식과 퇴적을 통해 조정되며, 선상지의 경사도 조정된다.

선상지는 몇 가지 유형으로 구분할 수 있다(그림 4.22A). 매적적인 선상지에서 퇴적물은 선정에서부터 아래로 퇴적된다. 다른 보편적인 형태는 전진 퇴적(prograding) 선상지이다. 여기서는 선정 지역의 주축 하도(axial channel; 주된 선상지 하도로서, 물과 퇴적물을 보다 상부의 유역에서 공급받아 선상지 아래로 공급하며, 일반적으로 주축 선상지 혹은 선상지 중심 아래로 흐른다)가 선정부 도랑(fanhead trench) 형태로 선상지 표면을 하각한다. 이것은 선앙부(midfan)의 교차점에서 선상지 표면과 합해지며 그 아래에서는 퇴적이 우세한데, 가끔 선단부(distal) 경계대까지 확대된다. 결국 선상지는 개석을 받게 되는데, 선정부 도랑에서뿐만 아니라 교차점 아래의 선앙에서, 혹은 국지적 및 지역적인 기준면 변화와 연관될 때에는 선단부에서도 개석이 일어난다. 선상지의 지형적 환경 내에서 선상지의 유형은 보편적인 홍수와 퇴적물 체계에 적응한다(그림 4.22B). 이러한 체계에서의 변화와 급격한 또는 점진적인 변화, 혹은 기준면 변화가 선상지 유형의 변화를 초래할 수 있다. 이러한 방식으로 선상지의 퇴적물과 형태는 선상지 환경에서의 지구조적 또는 기준면의 변화, 혹은 기후 또는 토지 피복의 변화와 같은 선상지 근원 지역(source area) 내에서의 환경 변화에 대한 민감한 기록을 보존한다.

4.3.5 하천 변화

앞서 언급했듯이, 선상지의 변화 과정은 하천 체계의 상대적으로 작은 부분들이 어떻게 환경 변화에 적응하는가를 보여 주는 사례 중 하나이다. 보다 큰 규모에서는 전체 하천 체계가 변화에 반응한다. 지형학적 과거로부터 물려받은 전반적인 계곡의 형태와 경사도 내에서, 충적 하천 체계는 보편적인 홍수와 퇴적물 체계에 따라 그 형태를 조정한다. 홍수 환경과 퇴적물 공급의 변동은 하도 기하학과 패턴 변화의 원인이 된다. 그러나 보다 큰 '임계치(threshold)' 변화는 규모가 너무 커서 이러한 방식으로는 조정되지 않으며, 지속적인 매적(aggradation) 혹은 하각을 포함하는 경사도의 급격한 변화를 요구한다.

이러한 임계치 변화의 원인은 경사도 변화와 홍수 혹은 퇴적물 변화를 포함한다. 경사도 변화는 지구조 운동, 빙하 퇴각에 의한 지각평형적 융기,

그림 4.21 선상지

A. 산록 선상지. 캘리포니아 주의 데스밸리(Death Valley) 서사면에 위치한, 융기와 경동을 가진 패너민트 산맥(Panamint Range)을 따라 발달하고 있다. 선상지 조각 복합체가 보인다. 데스밸리 아래에는 플라야 호수가 보인다.

B. 산록 선상지. 캘리포니아 주 데스밸리의 그로토캐니언(Grotto Canyon). 다중 연대가 나타나는 선상지 조각들로 구성된다.

C. 지류 합류점 선상지와 이들 선상지가 공급하는 퇴적물이 운반되는 주요 와디 하도. 주요 와디에서의 흐름은 왼쪽에서 오른쪽이다(선상지의 다른 모습들은 그림 3.1B와 5.2B 참조).

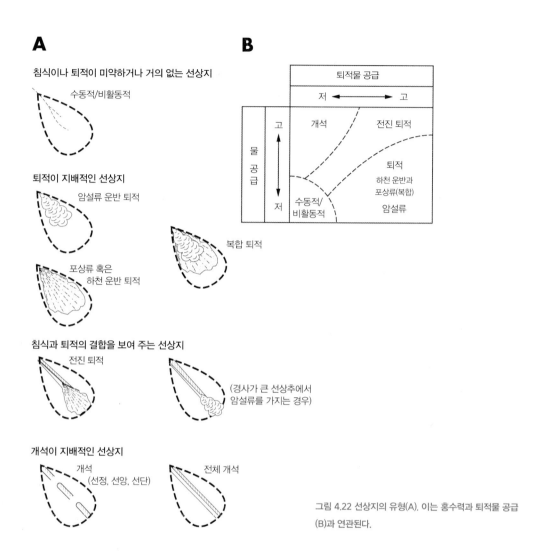

A

침식이나 퇴적이 미약하거나 거의 없는 선상지

수동적/비활동적

퇴적이 지배적인 선상지

암설류 운반 퇴적

복합 퇴적

포상류 혹은
하천 운반 퇴적

침식과 퇴적의 결합을 보여 주는 선상지

전진 퇴적

(경사가 큰 선상추에서
암설류를 가지는 경우)

개석이 지배적인 선상지

개석
(선정, 선앙, 선단)

전체 개석

B

퇴적물 공급		
저 ← → 고		

물 공급 고 ↑ ↓ 저

	저	고
고	개석	전진 퇴적
저	수동적/비활동적	퇴적 하천 운반과 포상류(복합) 암설류

그림 4.22 선상지의 유형(A). 이는 홍수력과 퇴적물 공급
(B)과 연관된다.

기준면 변화, 혹은 하천 직강화와 같은 인간의 간섭 등에 의해 일어난다(6장 참조). 가장 중요한 것은
홍수 환경 혹은 퇴적물 공급의 변화로, 이는 기후적으로 혹은 인간의 간섭에 의해 일어날 수 있다(6
장 참조).

경사도 변화에 대한 반응은 국지적인 경향을 띤다. 경사도의 증가는 하각을 촉발하고, 여기서 경
사 변환점 혹은 두부침식점이 하상에 만들어져서 상류 쪽으로 (상대적으로 느리긴 하지만) 진행된다.
경사도의 감소는 국지적인 매적 작용을 촉발한다. 그러나 상류 쪽으로는 괄목할 만한 진행이 거의 없다. 하천 상류는 하류에서 어떤 일이 일어나는가에 대해서는 '관심이 없다'!

홍수 수문학 혹은 퇴적물 공급의 변화에 대한 반응은 보다 급속히, 체계의 훨씬 더 많은 부분에 영향을 미칠 수 있다. 홍수 수문학에서의 변화는 보통 하류로 진행되며, 하천 조정에 의한 첨두 최고위의 감소 작용을 포함한다. 퇴적물 공급의 증가도 하류로 갈수록 커진다. 당장에는 부유하중에서 일어난다. 조립질 퇴적물의 경우에는 보다 느리게 일어나는데, 그 이유는 조립질은 하천 체계에서 이동하는 동안 '퇴적물 파랑(sediment wave)'의 원인이 되기 때문이다.

효과적인 하천력의 급격한 감소 혹은 퇴적물 초과하중에 대한 하도의 반응은 지속적인 매적이며, 과거 곡저의 매몰과 하천의 정상적인 최대 깊이보다 더 두꺼운 퇴적물의 궁극적인 퇴적을 가져온다. 반대로 효과적인 하천력의 급격한 증가는 지속적인 하각을 가져온다. 오래된 곡저는 하도에서 하안단구로 변모하면서 현재의 새로운 하각 수준에서 벗어나게 된다(그림 4.23; 그림 3.11B 참조). 매적과 하각 모두는 경사도의 변화를 가져온다. 퇴적물 쐐기의 매적은 곡저의 경사도를 증가시킨다. 하각은 상류로 이동하는 두부침식을 창출하면서, 현재의 개석된 곡저보다 더 낮은 경사도의 하도를 남긴다. 다시 매적과 하각에 대한 반응은 역방향 피드백에 의한 안정화(stabilising) 효과의 사례가 된다. 경사도에 대한 이러한 변화들은 새로운 체계에 적응하는 새로운 평형 형태의 발전을 강화한다.

하안단구(river terrace) 연속체에서의 퇴적물 보존 및 형태와 퇴적물 간의 관계는 과거 환경 변화에 따른 지형 체계의 반응에 대한 해석을 뒷받침하는 중요한 증거를 제공한다. 하안단구의 침식기준면, 퇴적물의 두께, 하안단구면의 고도 간의 관계들은(그림 4.23) 과거의 침식과 퇴적 연속체의 증거가 될 수 있다. 퇴적물 자체도 과거 하천 지형에 대한 정보를 제공할 수 있으며, 단구면 표면의 토양층 발달의 정도는 지형의 연대에 대한 상당한 정보를 알려 준다(본문 5.2 참조). 이미 미국 서부의 아로요 체계의 계곡 충적과 하도 굴식을 소개한 바 있다. 이들은 환경 변화에 대한 부분적인 반응으로서 매적과 하각에 의해 만들어진 단구 연속체로 파악된다(본문 4.2.1.2 참조).

단구 연속체는 여러 곳에 광범위하게 나타난다. 많은 젊은 산지 지역에서는 단구 연속체가 지구조적으로 각인된 신호를 전달한다. 온대의 유럽 주요 지역 하천 체계에서 단구 연속체는 플라이스토세의 빙기/간빙기 연속체를 반영한다. 여기서는 플라이스토세 동안 하천 체계의 전반적인 하각의 측면을 가진다. 매적은 빙하기의 주빙하 조건 아래서 일어나는 경향이 있다. 퇴적물 공급은 간빙기 동안에 상당히 감소되었고, 결과적으로 하각이 일어났으며, 뒤를 이어 새로운 범람원의 발달이

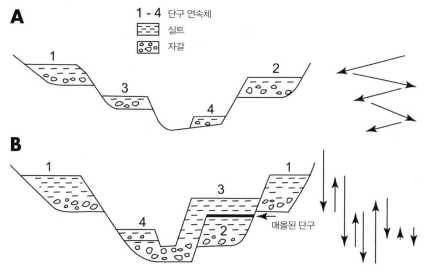

그림 4.23 하안단구의 발달 과정을 보여 주는 개념도
A. 전진적인 측방 이동에 의해 형성되는 단구.
B. 하각과 매적을 교대하면서 형성되는 단구.

일어나고, 전반적으로 곡류 하천들이 형성되었다.

영국 북부 고원 지대에서 최종 빙기 최성기(LGM)부터 얼음 융해 이후의 보다 짧은 시간 규모 동안, 하안단구 발달 과정에서 중요한 국면들이 있었다. 후기 플라이스토세의 주빙하 조건은 영국 북부 고원 지대의 상당한 부분을 통해서 곡저의 매적을 보여 주었다. 주빙하 과정의 후퇴에 의한 퇴적물 고갈과 초기 홀로세의 산지 사면에서의 식생 피복은 플라이스토세 곡저 하천 체계의 하각을 가져왔고, 대부분의 하천에서 하안단구가 형성되었다. 그 뒤 홀로세 동안, 보다 작은 규모의 젊은 단구는 퇴적물 공급에 있어서 기후 및 인간에 의한 변화를 반영하면서 형성되었다(5장과 6장 참조). 빙기 이후의 지각평형적인 재상승은 후기 플라이스토에서 초기 홀로세에 이르기까지 하각과 단구 발달에 대한 가능성 높은 원인으로 꼽힌다. 이것은 스코틀랜드 고지(Scottish Highland)의 급사면에도 잘 적용된다. 그러나 보다 남쪽으로 내려오면 그 효력은 감소한다. 나아가 단구는 다른 지역으로 흘러가는 하천 체계는 물론, 지각평형적인 융기 지대를 향하여 흐르는 하천 체계에 대한 증거가 된다.

4.4 풍성 체계

풍성 체계(aeolian system)는 주요 퇴적물 체계(sediment system) 중에서도 광역적인 분포가 미약하고 제한된 지형 영향권이다. 풍성 체계는 바람에 의해 침식, 운반, 퇴적이 일어나는 체계이다.

4.4.1 풍성 작용

바람에 의한 퇴적물 침식운반(sediment entrainment; 화산 활동에 의해 직접적으로 공급되는 화산재의 운반은 제외)은 느슨한 물질로 된 건조한 지표면 위로 강한 바람이 불 때 일어난다. 침식운반되는 퇴적물의 크기는 먼지(dust), 실트, 모래 등의 수준이다. 한 번 풍식이 되면, 먼지와 실트는 대기 상층으로 올라가서 장거리를 이동한다. 그러나 모래는 일반적으로 발생한 지표면에서 보다 가까운 높이로, 보다 짧은 거리를 이동한다. 그러나 모래만이 암석 표면에 대한 '모래 취식(sand-blasting; 모래로 깎아냄)'의 침식 능력을 가진다. 그럼에도 불구하고 이는 일부 사막 지역에서 바람에 에칭된 형태(야르당, yardang)를 만들어 낸다. 또 다른 영역으로, 풍성 지형학에서는 먼지, 실트, 모래의 침식, 운반, 퇴적을 다룬다.

먼지의 원천에는 몇 가지가 있다. 사막의 토양과 고호수 표면(palaeolake)이 있다. 특히 사하라와 중앙아시아의 사막들이 그러하다. 고호수 표면으로부터는 염분과 탄산염이 풍부한 먼지가 발생하며, 재퇴적으로 사막 토양의 중요한 성분을 이룬다. 농경 지대, 특히 건조 지대는, 대기 중 먼지의 주요 발생원이 된다. 극단적인 사례로, 미국 대평원의 '더러운 30년대(dirty thirties)'에는 이러한 먼지가 먼지 폭풍(dust storm)에 의해 먼 거리로 운반되어 넓은 면적에 퇴적되어 먼지층을 만들었다. 먼지의 또 다른 중요한 원천은 화산 분출에 의한 것이다. 먼지구름에 의한 퇴적은 지형학적 현상으로서 한정된 영향을 미친다. 그러나 화산재의 퇴적은 특히 지형 연대 측정과 퇴적물 연속체에 대한 중요한 자료가 된다. 시기에 따른 각각의 화산 분출은 진단이 가능한 광물질 집합체로서의 재를 만든다. 예를 들면, 6600 BP에 파국적인 분출을 하여 현재 오리건 주의 크레이터 호(Crater Lake) 칼데라를 형성했던 마자마 산(Mount Mazama)의 화산재는 미국 서부의 광대한 지역으로 확산되었고, 특정 광물에 대한 광물학적 연구를 통해 퇴적물 연속체로 인지되었다.

규모와 관련하여 특히 중요한 것은 플라이스토세 뢰스층(loess sheet)으로(특히 본문 2.2.3 및 그림

2.3 참조), 미국 중서부, 북유럽 평원, 중앙아시아 등의 광대한 지역에 퇴적되었다. 실트의 원천은 유라시아와 북아메리카의 대륙 빙상으로부터 융해된 것들이다. 그 결과는 수십 미터 두께의 퇴적층이다. 중국의 황토고원(Loess Plateau)은 그 두께가 200m를 넘는다. 중국의 뢰스는 초기 플라이스토세까지 거슬러 올라가며, 기후 조건의 기록을 저장하고 있다. 그 형태는 고토양과 함께 교호층리(interstratifed)를 만들면서 누적된 뢰스층이다. 뢰스 퇴적층은 비옥한 토양 형성에 도움을 주지만, 개석이 되면 침식에 쉽게 노출된다. 중국의 황토고원은 세계에서 장관을 이루는 많은 우곡을 가진 지역 중의 하나이다. 황토고원의 침식으로 공급되는 뢰스를 담은 황허 강은 세계에서 가장 퇴적물 하중이 많은 하천 중 하나이다.

지형학적으로, 풍성 작용에 의해 운반되는 가장 중요한 퇴적물은 모래이다. 모래 운반은 두 가지 형태로 이루어지는데, 이들 모두 풍속 임계치(windspeed threshold)에 의존하기 때문에 습윤한 입자보다는 건조한 입자가 그 임계치가 낮다. 먼저 표면 포행(surface creep)으로 모래가 구르거나 미끄러지면서 이동하는 것이다. 다음은 도약(saltation)으로 입자들이 지표에서 대략 1m 정도 떠서 공기의 흐름에 의해, 수 미터 정도의 거리를 이동하는 것이다.

4.4.2 풍성 퇴적 지형

퇴적에서 풍성 모래는 다양한 형태로 나타난다. 모래 포상(sand sheet), 연흔 모래(rippled sand) 등이 있으며, 가장 중요한 것으로 다양한 형태의 사구(dune)이다. 사구는 두 종류의 지역에서 중요한데, 하나는 퇴적 해안(본문 4.6 참조)이고 또 하나는 사막에서이다.

해안 사구의 모래 원천은 저조위에 노출된 사빈이다. 따라서 해안 사구는 완만한 대륙붕 해안에서 조차가 심한 곳에서 잘 발생한다. 해안 사구는 보다 많은 수분을 저장하는 경향이 있으며, 사막 사구에 비해 이동성이 적다. 더욱이, 이들은 식생 피복이 용이하다[특히 마람(marram)에 의한]. 사구 모래는 '취식(bowout)'에 취약하여 신선한 모래들이 노출되면 풍성 활동의 대상이 된다. 특징적인 사구의 형태로 해안에 평행한 횡사구(transverse dune), 포물선 사구(parabolic dune; 사구의 팔이 바람 방향을 향하는 반달 모양의 사구) 등이 있다(그림 4.24). 해수면이 저하되어 미교결의 퇴적물이 노출되면, 사구는 일반적인 사구 체계가 아닌 방식으로 그 형태를 유지한다. 서부 지중해 연안에는, 현재는 사구가 일반적이지 않지만, 교결된 화석 사구[풍성암(aeolinite)으로 구성된]들이 현존하는데, 플라이스토세 동안에 해수면이 낮아진 시기까지 연대가 올라간다.

우리는 전형적인 사막 경관으로 사구를 생각한다(그림 4.25). 그러나 세계 사막의 단지 25%만이 사구로 이루어져 있다. 사막 사구는 모래의 유동성 정도에 따라 발달한다. 모래의 많은 부분은 보다 덜 건조했던 시기(특히 사하라에서는 플라이스토세 말기)에 작동했던, 말단 하도의 하성 퇴적물 혹은 하천 체계와 연관된 하성 퇴적물에서 유래한다. 또 다른 곳에서는 보다 해수면이 낮았던 시기에 노출된 해저 퇴적물도 중요한 모래 원천이다. 예를 들어, 플라이스토세의 상당한 기간 동안 아라비아 만은 말라 있었는데, 여기서 아랍에미리트의 사구 체계를 이루는 모래의 상당량을 공급했다.

사구 형태는 모래 공급과 바람의 방향을 반영한다(그림 4.24). 단일한 탁월풍을 가지면, 모래 공급량의 정도에 따라 단순한 바르한(barchan)에서부터 바르하노이드(barchanoid) 능선과 횡사구 등의 사구를 형성한다. 모든 바르한들은 완만한 풍상면과 가파른 풍하면을 가진다. 풍하면은 모래사태를 동반하면서 안식각을 유지한다. 바르한의 '날개(wing)'는 바람의 방향에 따른다. 거대한 '메가바르한(megabarchan)'은 사하라, 아라비아, 타클라마칸(중국) 사막 등에서 잘 나타난다. 이들은 모래 공급률이 높고, 단일한 바람 방향이 주축을 이루는 조건을 가진 플라이스토세 말기에 형성된 것으로 보인다. 남부 아랍에미리트의 메가바라한들 사이에는 플라이스토세의 '사브카(sabkha)' 퇴적물이 있는데, 이것은 일시적인 염호의 잔존물이다. 선형 사구(linear dune)는 오스트레일리아와 아프리카에서 잘 나타나는데, 계절에 따른 탁월풍들이 상호작용하여 사구의 평면에 비스듬하게 불면서 형성된것이다(그림 4.24). 보다 복잡한 형태로 별형 사구(star dune)가 있다. 이것은 다양한 바람 방향들이 상호작용한 결과이다.

현재 활성적인 사막 사구 지대 외에도, 현재는 안정 상태에 있지만 플라이스토세에 사구 활동이 있었던 많은 지역들이 있다. 사구의 안정화(stabilisation)는 모래 공급이 줄어들면서 이루어지는데, 사구 표면에는 조류각(藻類殼, algal crust)이 형성되고, 그 후로는 보다 키가 큰 식물들이 침투한다. 이러한 지역의 하나로 네브래스카 주의 샌드힐스(Sand Hills) 지역이 대표적인데, 오늘날의 건조 지역과는 거리가 멀다. 모래의 원천은 아마도 빙하 시기 하천에 의해 공급된 하상 퇴적물로 보인다. 다른 지역들, 예를 들어, 아프리카의 사헬과 보츠니아 등지, 오스트레일리아의 현재 활성적인 사구 지대 주변에서도 일부 나타난다. 이러한 곳에서는 현재 식생 피복을 가진 안정된 사구가 나타난다. 이로 미루어 보아 플라이스토세에는 건조 지역이 보다 넓었고, 모래의 유동성도 더욱 컸다는 것을 알

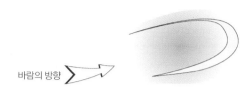

그림 4.24 바람의 방향 및 모래의 공급과
관련된 사구의 유형

바람의 방향

바르한 사구

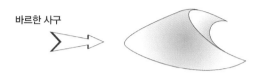

선형 사구

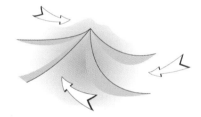

별형 사구

그림 4.25 사막 사구들

A. 아랍에미리트와 사우디아라비아 국경 근처에 있는 대규모의 모래 바대[sand sea, '비어 있는 지대(The Empty Quarter)']의 일부. 바르하노이드 사구. 주요 풍향은 오른쪽에서 왼쪽으로 향한다. 사진 오른쪽에 사구의 급경사 풍하면의 모래사태면 혹은 미끄럼면(avalanche face, slip face)이 있다. 전면에는 연흔 모래들이 보인다.

B. 아랍에미리트의 리와(Liwa) 근처의 오르막 바르하노이드 사구의 근접 사진. 풍향은 오른쪽에서 왼쪽 방향이다. 사구의 좌측면은 풍하면(미끄럼면)이다.

수 있다.

4.5 빙하 체계

빙하는 세계의 주요 산지에서 만들어진다. 물론 현재의 빙하 영역은 제한적이지만, 플라이스토세에는 북반구 대륙의 상당한 부분이 빙하로 덮여 있었는데, 특히 북아메리카와 북유라시아가 그러했다(그림 2.3 참조). 빙하와 빙상은 산지의 와지(niche) 빙하와 권곡(cirque) 빙하에서부터, 빙하곡, 대지 빙원, 그리고 대륙 규모의 빙상에 이르기까지 다양한 규모를 가진다(그림 4.26). 이들 대규모 빙하의 대부분은 플라이스토세에 형성된 것으로, 최대 규모는 캐나다 대부분과 미국 북부의 상당 부분을 덮었던 로렌시아 빙상(Laurentian ice sheet)이다.

4.5.1 빙하와 하천 빙상 작용

빙하는 연중 적설량이 여름철의 융해량보다 많은 곳에서, 눈이 상당한 기간 동안 지속되는 환경에서 형성된다. 눈이 내려 쌓이면 다져져서 '만년설(firn; 공기를 포함하는 하얀 얼음)'이 만들어지는데, 여러 해 동안 만년설이 쌓이면 진정한 빙하빙(glacier ice)이 된다. 이때는 기포가 거의 혹은 전혀 없는 상태가 된다. 빙하빙은 두 가지 유형으로 모양이 변형된다. 대기의 압력하에서는 단단하지만 탄력 있는 고체로 작동하며, 스트레스를 받으면 파쇄된다. 보다 큰 압력을 받게 되면, 특히 두터운 빙하 자체에 의해 압력을 받으면 탄력적인 물질과 유사하게 작동을 하면서, 느린 흐름에 의해 변형된다. 나아가 압력하에서 빙하빙이 융해점에 이르면 빙하의 기저부에서는 많은 빙하들이 압력에 의해 융해점에 도달하고 소위 '온난(temperate)' 빙하 혹은 따뜻한 기저(warm-based) 빙하로 변형되는데, 결국 기저부는 융해되고 다시 동결된다. 이것은 빙하의 기저부에서 빙하가 이동하고 기반암을 침식하는 데 중요한 작용을 한다. 반대로 차가운 기저(cold-based) 빙하의 기저부에서의 온도는 압력 융해점 아래에 있다. 이러한 빙하는 아래층까지 얼게 만들어서 거의 이동이 없어 침식의 영향을 덜 받는다.

빙하가 집적대(accumulation zone)에 쌓여(그림 4.27) 어느 정도 경사에 이르면 하부로 흐르기 시작한다. 대륙 빙모에서 빙하는 빙하돔의 형태로 쌓여 경우에 따라서는 아래의 기저 지형을 완전히 묻어 버리기도 한다. 산악 빙하에서 집적대는 고위도 와지에서, 그리고 많은 산지들의 권곡 지대에서, 혹은 캐나다의 컬럼비아 빙원(icefield)이나 노르웨이 빙원과 같은 산악 대지에서 발달한다. 산악 빙하에서 빙하의 흐름은 적설량보다 융해량이 많은 계곡 빙하 혹은 출구 빙하(outlet of glacier)의 형태로 순 소모대(zone of net ablation)로 내려간다. 빙상에서의 흐름은 빙하돔의 높은 위치에서 시작한다. 빙하 전선(glacier front)의 위치는 빙하 흐름의 비율, 경사에 대한 반응, 빙하량 간의 균형, 융해율, 특히 빙상의 말단부 혹은 계곡 빙하의 선단에서의 융해율에 따라 달라진다. 기후 변동, 강설의 변화, 그리고 기온 변화는 빙하 전선의 전진과 후퇴에 영향을 준다. 빙하 질량 균형(mass balance; 강설에 의한 빙하의 증가와 융해에 의한 손실 간의 순 균형)의 변화와 빙하 전선의 전진 혹은 후퇴 사이에는 시간 간극이 존재한다. 그리고 서로 다른 지형 환경으로 인해 이웃한 빙하들의 작동이 동시적으로 일어나지 않는다.

빙하가 움직이면, 표면층은 파쇄에 의해 변형되고, 확장대에서는 크레바스가 만들어지며, 압축대에서는 상향 스러스트가 일어난다. 빙하가 이동할 때, 퇴적물은 두 가지 방법으로 운반된다. 하나는 빙하의 측방 및 기저의 기반암을 직접 침식하여 운반하는 것이고, 다른 하나는 산악 빙하에서 암석 낙하와 다른 매스무브먼트 작용에 의해 분리되어 빙하의 표면 위로 퇴적물이 추가 공급되는 방식(빙하 상부 모레인, supraglacial moraine)에 의한 것이다. 빙하 하부의 물질은 부분적으로는 빙하의 직접적인 '굴식(plucking)'에 의해서, 일부는 하부 빙하 융해수의 수문 작용에 의해서, 또는 이미 빙하에 실린 암석들의 마식 작용에 의해서 운반에 들어간다. 빙하의 하단부 내부 혹은 말단부에서는 마식에 의해 공급되는 실트 매트릭스 내의 암석들이 빙하 내부 모레인(englacial moraine)을 형성한다. 융해수는 따뜻한 기저 빙하의 하부 빙하 작용에서, 그리고 소모대 표면에서 모두 중요하다. 표면 융해수는 빙하 표면에 하도를 형성하지만, 크레바스를 통해 빙하 하부로 사라지고(빙하구, moulin), 빙하 선단에서 융해천(melting water river) 형태로 다시 나타난다.

빙하 퇴적에 대한 몇 가지 작용을 살펴보자. 퇴적 시 대부분의 모레인 물질[빙퇴석, glacial till; 거력 점토(boulder clay)로도 알려져 있다]은 분급이 매우 불량하여 거력에서부터 실트와 점토에 이르기까지 모든 입자 크기들이 포함된다. 활성적 빙하 혹은 빙상 아래 퇴적된 빙하 내부 모레인은 다져지고 밀도가 높아지기도 하며(퇴적 빙퇴석, lodgement till), 대조적으로 빙하 말단부에서 융해에 의한 퇴적(융해 퇴석, meltout till)이 이루어지기도 한다. 유수가 발생하는 경우, 빙하 내부와 빙하 주변

(proglacial)에 관계없이, 퇴적물은 모래와 자갈 층으로 분급이 잘 이루어진다. 뚜렷이 다른 환경이 나타나면 빙하가 주요 원천으로부터 차단되고, 더 이상 이동하지 못한다(종결 빙하, dead ice). 이 경우, 퇴적물은 단순히 빙하빙이 녹고 무너지면서 무더기 형태로 쌓인다.

융해수 자체도 빙하 중간이나 빙하 주변 모두에서 중요하다. 빙하는 일시적으로 언적호(dam lake)를 만들기도 한다. 스코틀랜드의 글렌로이(Glen Roy)와 평행한 잘 알려진 도로변에는, 아가시(Agassiz)가 처음 기술한 바와 같이, 플라이스토세 말기의 빙하 댐 호수의 연속된 여러 호안선들이 잘 보존되어 있다. 빙하 댐 호수는 빙하 내부나 외부로 배수되는데, 종국에는 파국적 홍수에 의해 댐이 완전히 무너지게 된다. 플라이스토세 말기의 빙하 후퇴기 동안 로렌시아 빙상의 주변에 빙하호(아가시 호를 포함하여)들이 형성되었으며, 이들은 현재의 오대호와 보다 북쪽의 캐나다의 대규모 호수들의 선구들이었다. 역대 최고의 홍수를 포함하더라도 가장 파국적인 댐 붕괴 홍수는 미국의 태평양 연안 북부에서 발생한 미줄라 호(Missoula Lake)의 댐 붕괴 홍수였다. 이는 결과적으로 워싱턴 주의 하천에 엄청난 침식에 의한 많은 하도로 이루어진 불모지(scabland)를 남겼다. 보다 일반적으로, 융빙 하천들은 빙하 선단에서 직접 유출되어 엄청난 실트를 운반하고, 또한 보다 입자가 큰 퇴적물을 빙하 주변 계곡의 전면으로 운반, 퇴적한다. 여기서는 불안정한 망상 하도를 형성하는데, 이들은 산두르(sandur)라고 불

그림 4.26 빙하

A. 소규모의 와지 빙하. 캐나다 앨버타 주 캐나다 로키의 크로풋 빙하(Crowfoot Glacier). 약 200년 전의 홀로세 말기 빙하 최성기를 표시하는 소빙하기(LIA, Little Ice Age)의 모레인이 나타난다.

B. 곡빙하. 미국 워싱턴 주 래니어(Ranier) 산의 니스퀄리 빙하(Nisqually Glacier). 사진 중앙의 평형선(equlibrium line) 위는 눈으로 덮여 있고, 그 아래는 때가 탄 얼음(dirty ice)으로 이루어져 있다.

C. 스위스 론 빙하(Rhone Glacier)의 소모대(ablation zone)의 상세한 모습. 크레바스 패턴이 보인다.

D. 빙하 선단(snout of glacier). 캐나다 앨버타 주의 애서배스카 빙하(Athabaska Glacier).

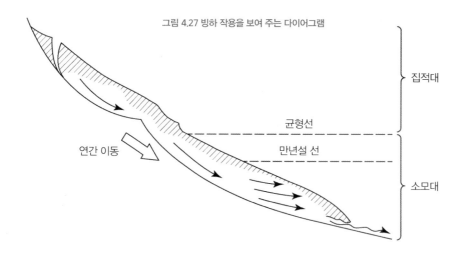

그림 4.27 빙하 작용을 보여 주는 다이어그램

집적대

균형선

만년설 선

연간 이동

소모대

리는 퇴적물 유출 지대를 관통한다.

4.5.2 빙하성 및 하성-빙하성 침식 지형

빙하 작용에 의해 형성되는 지형들은 침식 및 퇴적 지형 모두를 포함한다. 빙상에 의해 만들어지는 침식 지형은 광대한 영역에서 빙하에 의해 굴식된 기반암에서 나타난다. 플라이스토세의 로렌시아 빙모와 스칸디나비아 빙모의 핵심 지역은 선캄브리아기의 순상지 기반암의 노두와 일치한다(2장과 3장 참조). 이들은 침식에 저항이 강한 편마암 지역이다. 빙식에 의해 결과적으로 남겨진 경관은 거대한 면적의 부드러우면서 굴식을 받은 기반암 지역이다(그림 4.28A). 때로는 '굴식된' 말단부를 가진 산릉의 형태가 되기도 하며(양배암, roche moutnnnée), 표면을 자세히 보면 그루브 홈도 보인다(그림 4.28B). 산릉 사이에는 단층, 절리, 그리고 다른 침식 연약대와 일치하는 빙식 와지가 나타난다. 이들은 결국 호수가 되거나 토탄 퇴적 분지가 된다. 전체적인 경관은 혼란 하계망을 가진다. 영국에서는 스코틀랜드의 북서 끝자락에 있는 선캄브리아의 변성암인 루이스층(Lewisian)의 굴식 경관이 이와 유사하다(그림 3.9C 참조).

빙모와 연관이 있는 융해수는 빙하 하부(subglacial)와 빙하 말단(ice-marginal) 모두에서 침식 하도를 깎아 낸다. 빙하가 물러가면서 이들 중 상당 부분은 빙하 소멸 후 하천 체계에서 주곡(primary valleys)을 형성한다. 다른 하도들은 하천으로 이용되지는 않지만, 독특한 경관으로 남는다. 빙하 하

그림 4.28 빙식 지형들

A. 빙상 빙식에 의해 암석 표면에 생긴 대규모 빙식 와지. 캐나다 래브라도를 하늘에서 내려다본 모습. 빙하의 이동 방향은 기울어진 채로 오른쪽에서 왼쪽으로 가면서 카메라를 향하고 있다.

B. 암석 표면의 굴식 지형. 미국 캘리포니아 주의 요세미티. 빙하의 흐름은 오른쪽에서 왼쪽으로 향한다.

C. 산지 빙하 침식 지형. 하늘에서 내려다본 모습이다. 취리히 남쪽의 스위스 알프스. 등을 맞댄 권곡(back-to-back cirques)과 아레테 능선들.

D. 권곡. 캐나다 앨버타 주 캐나다 로키의 보 계곡(Bow Valley).

E. 빙식 통곡과 현곡 지류. 미국 캘리포니아 주의 요세미티 계곡.

부의 하천 빙하 하도(fluvio-glacial channel)는 하계망의 빙식 우회(glacial diversion)를 만들 수 있는 메커니즘의 하나이기도 하다(본문 3.2.1 참조).

산악 빙하에 의해 만들어지는 침식 지형은 보다 특징적이다(그림 4.28C, D, E). 빙하의 두께가 어느 수준에 이르면 굴식이 수직으로 일어나면서 와지와 분지 등을 만들게 된다. 예를 들어, 고도가 높은 권곡과 과심곡(overdeepened valley) 등이 그러하다. 산릉 양쪽으로 등을 맞댄 권곡(back-to-back cirqures)들이 파 내려가 남은 산릉을 아레테(aréte)라고 하며, 칼날 능선을 형성하면서 양면의 산릉단애(headwall)를 만든다. 다중의 권곡들로 산정부가 깎여 나가면 피라미드형 산정이 된다. 스위스와 이탈리아의 경계를 이루는 마터호른이 그 전형적인 사례이다. 계곡 빙하는 전 빙하의 V자 하곡을 U자곡으로 전환시킨다. 주 곡저를 더 파 들어가면, 지류 곡이 들리는 현곡(hanging valley)이 만들어진다. 계곡의 과심화(overdeepening)는 빙하 소멸 상태에서 손가락형 호수를 만드는데, 해안에서는 피오르가 만들어진다.

4.5.3 빙하성 및 하성-빙하성 퇴적 지형

빙하성 퇴적 지형(그림 4.29)은 빙하 하부, 빙하 말단부, 빙하 주변 등에서 형성되는 빙하성 및 하성-빙하성 지형들을 모두 포함한다. 빙하 하부에서 집적 빙력토는 완만한 형태의 흐름선을 가진 고래등 형태를 가진다(고래등암; 드럼린, drumlin). 이들은 순수한 '이동(drift)' 물질로 이루어져 있거나 핵석화되기도 한다. 활동성 빙하 주변을 중심으로 모레인 산릉이 형성되는데, 이것은 단순히 융해수 퇴석으로 이루어져 있거나, 선두 빙하에 의해 강제로 밀린 모레인 스러스트 형태로도 나타난다. 종결 빙하(dead ice) 자체도 그 위치나 바로 인접하여 퇴적 지형을 만든다. 여기에는 빙하 얼음이 녹아 붕괴될 때 형성되는 돌기 모레인(hummocky moraine), 크레바스 충전에 의한 느슨한 물질 퇴적(케임, kame), 분리된 얼음 조각이 녹을 때 남은 와지(케틀 와지, kettle hole), 소멸 얼음으로 소멸되는 빙하의 말단부에 쌓이는 단구 형태의 지형(케임 단구, kame terrace), 하부 빙하에서의 흐름 방향을 표시해 주는 모래와 자갈로 이루어진 굽은 선형 능선(에스커, esker)이 포함된다. 위에서 언급한 바와 같이, 융빙수 하천은 세척에 의한 자갈 평지(outwash gravel; 산두르 체계, sandur system)를 형성한다.

이러한 지형들은 현재 빙하의 하부, 내부 그리고 주변부에 존재한다. 그러나 이들은 플라이스토세 동안 빙상과 산악 빙하에서 나타나는 지형으로도 중요하다.

그림 4.29 빙퇴적 지형

A. 캐나다 앨버타 주 로키 산맥의 애서배스카 빙하(Athabaska Glacier)에서 근래 만들어진 말단 모레인. 분급이 안 된 퇴적물의 특성을 보여 준다.
B. 잉글랜드 컴브리아 주 올스톤(Alston) 근처의 사우스타인(South Tyne) 계곡에 노출된 후기 플라이스토세의 거력 빙력토(till)의 단면.
C. 후기 플라이스토세의 드럼린. 잉글랜드 요크셔의 리블헤드(Ribble head). 사진의 중앙에 완만하고 낮은 언덕이 보인다.
D. 종결 빙하(dead ice) 지형. 스코틀랜드 고지의 드루목터 고개(Drumoch-ter pass). 사진의 중앙에 돌기형 모레인 지형이 보인다. 이것은 최종 빙기에서도 가장 끝 무렵인 로크 로몬드 빙하기(Loch Lomond glacial phase)에 종결 빙하의 혀에 의해 퇴적된 것이다. 전반적으로 이 지역은 최종 빙기 최성기 동안 빙하에 의해 덮여 있던 곳이다. 그러나 로크 로몬드 빙하의 돌기 모레인 위에 나타나는 보다 부드러운 산지 사면은 후기 플라이스토세 동안의 주빙하 작용에 의해 변형된 것이다.

4.6 해안 체계

해안은 가장 극적이면서 동적인 경관을 다수 제공한다. 해안 환경은 높은 에너지 지대를 가지며, 이곳에서의 작용은 어느 정도 연속적으로 이루어진다. 물론 낮은 에너지 지대도 가진다. 해안 환경에서는 육지와 해양이 상호작용한다. 대부분의 해안 퇴적물은 궁극적으로 육지에서 유래되는데, 하천 체계 혹은 해안단애 침식 등으로 공급되어 해양 활동에 의해 재작용이 이루어진다. 해안 경관은 젊다. 세계의 해수면이 현재의 상태를 이룬 것은 불과 6,000년 전이다.

해안 지형은 단순히 해양 연안뿐만 아니라 내륙 수체(water body)에서도 나타난다. 내륙 수체 연안의 작용도 해안과 유사하지만, 보다 제한적이다.

4.6.1 해안 형성 작용

해안 지형은 해안의 지질과 지역 지형사(geomorphic history)의 영향을 받는다. 지구조적으로 활발한 해안과 덜 활발한 해안 간에는 뚜렷한 차이가 있다. 이러한 차이의 사례를 들면, 일반적으로 직선형의 해안을 가지면서 지구조적으로 활발한 해안을 가진 북태평양과 안정적이고 복잡한 해안을 가진 북대서양 해안이 좋은 대조를 보여 준다. 그러나 이러한 차이와 그 예외는 지구조 활동사만큼이나 빙하의 활동사와도 관련이 있다.

역동적인 해안 형성 작용은 파랑, 조수, 해류의 세 가지 주요 현상에 의해 야기된다. 파랑은 열린 바다에서 바람에 의한 압력(취송, 吹送)으로 형성되는데, 이로 인하여 특정 지점에서 물이 원운동을 하게 되며, 이러한 원운동은 다시 파랑을 만들어 낸다. 파랑은 바람의 방향으로 전달되며, 취송 거리 (fetch)와 풍력에 의해 그 크기가 결정된다. 이러한 이유로 파랑은 증폭된다. 따라서 파력은 제한된 바다에서보다는 열린 해양에서 더 큰 힘을 가진다. 세계에서 가장 유명한 서핑 해빈의 입지를 생각

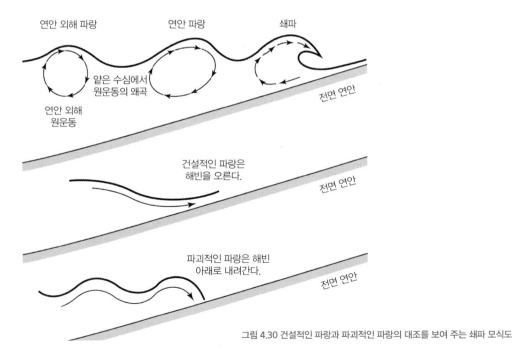

그림 4.30 건설적인 파랑과 파괴적인 파랑의 대조를 보여 주는 쇄파 모식도

그림 4.31 파랑

A. 파괴 파랑(짧은 파장, 외해 방향 쇄파). 역빈(shingle beach). 잉글랜드 데번 주의 시드머스(Sidmouth).

B. 건설 파랑(긴 파장, 해안 방향 쇄파). 파식대를 가로지르는 쇄파. 잉글랜드 데번 주의 하트랜드(Hartland) 근처.

해 보자!

파랑이 해안으로 접근하면, 얕아진 수심으로 인해 해수가 끌리면서, 해수의 원운동이 왜곡된다. 이에 따라 파랑의 상층부는 해안 쪽으로 가면서 곤추서면서 파랑이 부서지기 시작한다. 이 상황에서 고려할 중요한 것은 파장(wavelength)이다. 경사가 완만한 연안 외해의 단면은 부서지는 파랑(쇄파, breaking wave)의 파장을 증가시키는 경향이 있으며, 급경사 연안의 단면은 상대적으로 짧은 파장을 유지하는 경향이 있다. 파장은 파랑이 해안에 닿을 때 부서지는 유형에 영향을 준다. 파장이 긴 파랑이 특히 완만한 경사의 해안에서 부서질 때 수평에 가깝게 밀려와 부서지는 경향을 가지면, 건설(constructive) 파랑이라고 불린다. 반면에 파장이 짧은 파랑은 특히 급사면의 해안으로부터 부서져 들어올 때 사면을 내려가면서 부서지는데, 파괴(destructive) 파랑으로 불린다(그림 4.31).

다수의 복합적인 요소들이 있다. 불규칙하면서 깊은 단애의 해안에서는 파랑이 해안에서 반사되어 파랑과 파랑이 뒤섞이고, 파고를 줄이거나 강화시키기도 한다. 해안으로 다가오는 파랑은 일반적으로 비스듬히 접근하는데, 이것은 퇴적물을 이동시키는 데 유효하다(아래 참조). 그러나 이러한 불규칙한 연안 외해(offshore) 바닥 단면으로부터 파도의 훼절(refraction)에 의해 변형되기도 한다.

조차의 크기도 해안 형성 작용에 영향을 준다. 전 세계 해안에서 조차는 일차적으로 지구가 자전축을 따라 자전할 때 달의 중력에 의한 인력으로 발생한다. 그 결과 하루에 두 차례 조차가 이루어진다. 해안선의 형태는 해양 조수를 변형시킨다. 해안에 따라 조차가 증가하기도 하고, 감소하기도 한다. 그 양상은 매달 이루어지는 달의 형태 순환에 따라 더욱 복잡해지는데, 한 달에 두 번씩 달의 인력과 태양의 인력이 결합되면서, 조차는 최대가 된다(대조-사리; 초승달, 보름달과 일치) 반대로 두 개의 힘이 서로 상충되는 기간에는 조차가 감소된다(소조-조금, neap tides). 조차에는 연간 변화도 있다. 춘추분 조차(3월, 9월)는 동하지(12월, 6월)보다 더 커진다.

조차의 효과는 해안선 형성 작용의 수직적 범위를 변형시킨다. 예를 들면, 지중해는 거의 조차가 없기 때문에 사빈의 폭이 좁고 해안 침식은 수직적으로 매우 한정된 좁은 지역에서 나타난다. 반면에 아일랜드 해의 영국 쪽 해안은 사빈의 폭이 넓고, 보다 큰 수직 변위로 인해 해안 침식의 위력이 크다. 세계에서 조차가 가장 큰 곳은 캐나다 동해안의 펀디 만(Bay of Fundy)이다. 조차는 하구(estuarine)와 삼각주 형성 작용에도 영향을 미친다. 큰 조차를 가진 해안에서는 해양의 영향이 내륙 깊숙이 관여한다.

해류는 해수의 온도와 이에 따른 생물 작용을 제외하고는 해안 형성 작용에 직접적인 영향을 거의 미치지 않는다. 그러나 국지적인 해류는 하천수의 유입 혹은 조류에 의한 퇴적물의 운반에 영향을 미칠 수 있다.

두 개의 다른 효과가 있다. 기상 조건에 의해 발생하는 폭풍우 파도(storm surge)가 조간대를 일시적으로 상승시켜 해안 범람을 일으키기도 한다. 지구조적으로 활성적인 지역에서는 지진에 의한 쓰나미가 발생할 수 있는데, 해안 환경에 엄청난 피해를 가져온다. 또한 쓰나미는 거대한 대양을 건너 반대편 해안까지 도달하기도 한다.

4.6.2 침식 해안

경사가 급하고 높은 에너지를 가진 해안에서 파도의 공격은 해안 방향 사면의 기저부에 집중된다. 따라서 사면 기저부에는 노치(notch, 파식혈)가 형성되며, 노치가 점차 확대되면 단애 상층에서부터 낙석이 발생하고, 단애면은 줄어든다(그림 4.32). 단애 기저부에 파도의 공격이 계속되면, 단애가 후퇴하면서 특징적인 지형들이 형성된다. 즉 기저부에서 해안 쪽으로 경사진 파식대(wave-cut platform) 나타난다. 파식대는 육지 쪽으로 노치 단애와 활동성 단애(active cliff)의 기저부까지 이어진다. 이곳 단애들에서는 지표 형성 과정이 활발하여 우곡과 산사태를 포함하는 매스무브먼트 작용이 일어난다(본문 4.4 및 그림 4.9B 참조). 세부적인 형태는 단애면 침식이 일어나는 해안의 기복이나 지질구조, 침식에 대한 암석의 저항력에 따라 다양해진다. 보다 강한 암석으로 이루어진 분리된 고

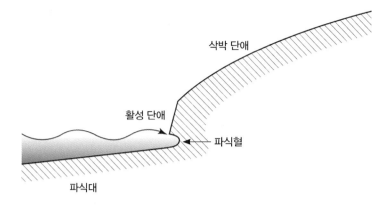

그림 4.32 단애 해안 모식도

삭박 단애

활성 단애

파식혈

파식대

립 지대에서는 시스택(seastack, 외돌개)이 만들어진다 (그림 4.33A). 단층과 절리를 가진 상대적으로 연약한 지대에서는 해안 동굴과 아치(arch)가 발달한다.

단애가 후퇴하면, 보다 넓은 파식대가 만들어진다. 파랑 에너지의 상당한 부분을 파식대에서 상쇄시키면서, 단애의 기저부에서는 에너지가 약화된다. 따라서 단애 아래에 비치(beach, 빈) 형태로 퇴적물이 쌓인다. 이것은 단애 기저부에 대한 파랑의 공격이 만조 상태에서 폭풍우 조건이 함께 할 때 매우 흔하게 일어난다.

해안 침식의 효과는 만 안쪽보다는 해안 첨두(head-land)에서 더욱 크게 일어나며, 궁극적으로 해안선의

그림 4.33 단애 지형
A. 불규칙한 단애 해안. 첨두부, 시스택 등이 있다. 잉글랜드 콘월 주의 리저드포인트(Lizard Point).
B. 석회암 단애의 '파식' 노치. 에스파냐 칼페, 이 노치의 형태는 파랑의 힘 보다는 해안선을 따라 군집한 조류(algae)의 식물성 카르스트 효과에 더 영향을 받고 있는 것으로 보인다.
C. 노출 파식대. 경사가 심한 기반암을 가로지르면서 파식을 하고 있다. 잉글랜드 데번 주의 하트랜드.

평면도를 복잡하게 만든다. 종국에는 단애만으로 이루어진 해안(cliff-only) 구역을 단애와 빈이 함께 나타나는 단애-빈(cliff-and-beach) 구역으로 전환시킨다.

4.6.3 퇴적 해안

퇴적 해안은 앞에서 언급한 단애-빈 해안, 곶과 만(cape and bay) 해안, 퇴적 작용이 주된 해안까지 다양하다. 모든 퇴적 해안은 미고결 퇴적물로 둘러싸여 있다. 퇴적물의 대부분은 궁극적으로 육상에서 기원하며, 단애 침식 혹은 하천 퇴적물로 이루어진다. 빙하 후퇴에 따른 해수면 상승으로 인해 해안 방향으로 몰린 퇴적물도 대부분 재작동한 하천 퇴적물로, 과거 해수면이 낮았던 시기에 노출된 해저 바닥에 쌓인 것들이다. 비치 퇴적물(beach sediment)의 크기는 주로 모래와 자갈(shingle)이며, 실트와 점토 등은 하구와 해안 석호와 같이 낮은 에너지를 가진, 파랑 작용에 매우 안전한 해안 환경에서만 형성된다. 열린 해안에서 퇴적되는 실트와 점토는 매우 낮은 에너지의 해안에서만 나타나는데, 기본적으로 염생 습지 혹은 열대의 맹그로브의 식생과 연관이 있다(본문 4.6.4 참조). 비치 퇴적물은 일반적으로 안정적이며, 모래와 자갈이 잘 분류되어 있다. 비치 자갈은 일반적으로 매우 둥글며, 때로는 보다 저항성이 강한 암석이 집중되기도 하는데, 석영과 플린트가 일반적이며, 보

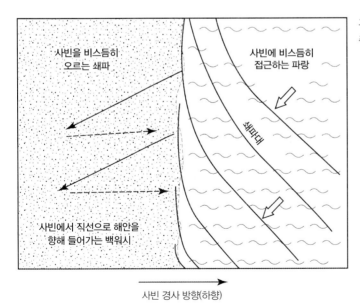

그림 4.34 연안이동의 메커니즘을 보여주는 다이어그램

사빈을 비스듬히 오르는 쇄파

사빈에 비스듬히 접근하는 파랑

쇄파대

사빈에서 직선으로 해안을 향해 들어가는 백워시

사빈 경사 방향(하향)

지형학 입문

다 약한 암석은 모래 조각 크기로 부서 진다.

비치 퇴적물은 지속적으로 재작용되며, 건설 파랑 활동 아래 들어오는 조수 상태에서는 비치에서 씻겨 들려진다. 그리고 사빈을 따라 연안이동(longshore drift)이 일어난다(그림 4.34). 이것은 사빈에 대해 파랑이 통상적으로 비스듬히 접근하는 것과 연관된 작용으로, 퇴적물을 연안을 따라 이동시키면서 동시에 해안 위로 씻어 올린다. 바다로 되돌아가는 '백워시(backswash)'는 퇴적물을 사빈 아래로 되돌리는데, 이들은 다시 다음 파랑과 함께 사빈에 평행하게 비스듬히 이동한다. 대부분의 사빈에서는 주된 탁월풍 방향 및 통상적인 파랑 접근 방향과 관련된 이동의(drift, 표류) 주된 방향이 분명히 드러난다. 이에 대한 증거로 사빈 보호를 위해 건설된 돌제(groyne)를 들 수 있다. 모래는 일반적으로 돌제의 한 방향에서 쌓인다. 많은 모래와 자갈 구조의 기원이 빙기 이후 해수면 상승 기간 동안 퇴적물의 해안 이동에 있다고 하더라도, 현재의 형태는 연안이동에 의해 변형된 것이다. 즉 사취와 사주는 해안과 대략 평행하게 확장되어 그 후면에 놓인, 보다 활동이 적고 에너지도 적은 환경을 보호한다(그림 4.35A). 특히 사취는 하천 하구에서 일반적이며, 때로는 전체적으로 석호를 포위하기도 한다. 그러나 역빈(shingle beach) 지형은 보다 열린 해안에서 나타나며, 복합적인 퇴적 첨두부를 형성한다.

빈 퇴적에서 가끔은 수직적인 분급도 일어난다. 즉 하부는 조간대의 특징을 지니면서 보다 평탄한 사빈이 나타나고, 그 상부는 역빈이 나타난다. 개방된 해안에서는 정상적인 고조위에서의 풍랑 역빈(shingle storm beach)이 잘 발달한다(그림 4.35B). 완만한 파

그림 4.35 비치 지형
A. 톰볼로(tombolo)를 형성하고 있는 사취. 섬을 육지와 연결시키고 있다. 오스트레일리아 서부의 덴마크(Denmark) 인근.
B. 풍랑 역빈. 잉글랜드 서머싯 주의 포어록 만(Porlock Bay).
C. 패각 비치의 비치 커습. 오스트레일리아 서부의 샤크 만(Shark Bay).

랑 작용 동안 상부 비치의 파쇄대에는 가끔 비치 커습(beach cusps)과 같은 일시적인 미시 지형(그림 4.35C)이 형성된다. 이것은 백워시가 해안으로 돌아가면서 남긴 유로이다. 거의 모든 비치 퇴적물은 유동성이 매우 높다. 그러나 해수에 의해 용해된 탄산칼슘을 가진 따뜻한 열대 해안에서는 사빈 퇴적물의 고결화가 일어나 사빈암(beachrock)을 만들기도 한다.

또 다른 해안 퇴적 환경에는 하구(estuary)와 삼각주가 포함되는데, 이들은 해양과 하천 영역이 상호작용하는 곳에서 발달한다. 또한 해안에서 가장 보편적으로 발달하는 사구는 해양 쪽으로 완만한 경사를 가지는 조간대 위로 낮게 펼쳐진다. 간조 상태에서 노출된 넓은 면적의 모래들은 내륙으로 부는 바람에 의해 형성된 사구의 원천이 된다.

4.6.4 해안 생물체와의 상호작용

해안 환경에서 지형 형성과 생물학적 과정 간에 중요한 상호작용들이 존재한다. 높은 에너지 암석 해안에서는 조류만 생존하는데, 보다 큰 조류들은 암석 바닥에 고착한다. 조류각은 암석 표면을 점유하기도 한다. 때로는 이들이 암석 풍화에 중요한 역할을 하기도 한다. 예를 들면, 지중해와 열대 해안의 노출된 많은 산호 파식대에서 조류는 해안선을 점유하면서 많은 산(acid)을 배출하여 자연 상태 해수의 알칼리성을 중화시키는데, 그 결과로 석회석 혹은 산호암(탄산칼슘으로 구성)이 용해된다. 노출된 산호초 파식대의 거칠고 홈이 많은 표면은 생물적으로 야기된 용해(식생 카르스트, phytokarst)에 의해서 형성된 것이다. 이러한 현상은 파식 노치가 나타나는 많은 곳에서, 최소한 부분적으로라도 생화화학적 형성이 일어나는 곳에서 나타난다.

생태계와 해안의 중요한 상호작용은 낮은 에너지 해안에서도 일어난다. 파랑으로부터 보호된 환경(해안 석호, 하구, 일반적으로 덜 열린, 낮은 에너지 해안 등)에서는 띠풀(cordgrass, spartina)이나 퉁퉁마디(salinarnia)와 같은 갯벌(mudflat) 염생 습지(saltmarsh) 식물들의 군락(그림 4.36A)이 발달한다. 이들 선구종이 갯벌 환경을 안정화시키기 시작하면, 갯벌에 덜 적응하는 천이종이 뒤따라서 염생 습지에 나타난다. 식물은 만조 시에 부유하는 퇴적물을 붙잡아서 염생대(marsh platform)를 높여 주기 때문에 식생 천이와 좋은 관계를 가질 수 있는 복잡한 미지형(micromorphology)을 만들어 준다. 이러한 미지형에는 염생대와 함께 염생대 와지, 그리고 높은 염도의 조수 일부를 담은 소지(沼池, pan), 썰물 동안 염생 습지의 배수로가 되는 갯골(muddy creek) 체계 등이 포함된다. 궁극적으로 염생 습지

가 높아지면, 조수의 침수가 덜해지면서 염생 습지는 기수(brackish) 습지가 되거나 더 나아가서 담수 습지로 발달한다. 열대 지방의 이러한 환경에서는 맹그로브(그림 4.36B)가 나타난다. 맹그로브는 염수에 뿌리를 내리는 관목림(woody bush)으로 온대 해안에서 염생 습지 식물들과 같이 퇴적 작용에 기여한다.

생물과 상호작용하는 또 다른 해안 지형은 열대 환경에 제한된 것으로, 산호(coral)의 발달이다. 현재 산호 해안은 주로 카리브 해, 홍해, 동남아시아, 오스트레일리아와 열대 태평양 섬들에서 나타난다. 산호는 탄산칼슘을 분비하여 외갑각(exoskeleton)을 형성하는 정적인 군락 동물이다. 이들은 pH 7 이상의 온난하고 상대적으로 맑은 바다에서 생존한다. 해수면이 상승하면 이들은 해수면 위로, 그리고 밖으로 성장한다. 해수면이 하강하면 이들은 죽게 되면서 산호초(coral rock)를 만든다. 현재 생존하는 산호는 빙기 이후 전 지구적으로 해수면이 상승하는 동안에 현재의 위치에서 성장한 것이다. 오늘날 세 가지 형태로 존재하는데, 외해 연안대를 형성하는 보초(barrier reef), 연안에 접착한 거초(fringing reef), 그리고 석호를 에워싸면서 환상으로 발달하는 환초(atoll)의 형태가 그것이다. 환초는 기본적으로는 섬 주위에서 거초로 성장하고 섬이 침강하면서 발달한다.

그림 4.36 해안 생물과 지형의 상호작용

A. 염생 습지. 잉글랜드 컴브리아 주의 그랜지오버샌즈(Grange-over-Sands).

B. 맹그로브. 오스트레일리아 퀸즐랜드 주.

C. 거초를 형성시킨 플라이스토세의 산호암. 이는 최종 간빙기 고수위(OIS 5) 동안 발달하여 현재의 해수면 위로 노출된 것이다. 그랜드케이맨(Grand Cayman) 섬.

4.6.5 해안 변화

해안을 논할 때 해안 변화와 해안 진화는 필수적이

다. 가장 중요한 관점은 해수면 변화(sea-level change)이다. 이미 전 지구적인 해수면에 미치는 플라이스토세 빙하 연속체의 영향을 논의한 바 있다(본문 2.2.4 참조). 현재의 해수면의 연대는 6,000년 전 내외 정도까지 거슬러 올라간다. 즉 현재의 해안은 젊다. 연대를 보더라도 완전히 홀로세에 속한다. 그러나 지난 여러 간빙기들 동안의 전 지구적인 해수면도 역시 높았으며, 더러는 현재의 해수면보다도 높았다. 곳에 따라서는 과거의 해안 지형의 흔적이 남아 있다. 융기 파식대와 융기 해빈(raised beach) 퇴적물이(특히 125,000년 전 지난 완전 간빙기 OIS 5의 퇴적물; 본문 2.2.4 참조) 현재 해안보다 높은 곳에서 나타나는 사례들이 그러하다. 예를 들면, 영국의 남서 해안과 지중해의 여러 곳들이 해당한다(그림 4.37). 많은 열대의 섬들은 지난 높은 해수면과 연계된 플라이스토세 산호암의 형성에 의한 것들이다.

　홀로세의 해수면 상승은 지역에 따라서는 보다 복잡하게 나타나는데, 강화된 '침강(drowned)' 해안선과 '상승(emergent)' 해안선 등이 발달한다. 이러한 복

그림 4.37 해안 변화-융기 해빈

A. 지난 간빙기(OIS 5)의 융기 자갈(pebble) 해빈 퇴적물. 현재는 교결되어서 현재의 해안선을 대략 5m 정도로 올라타고 있다. 에스파냐 알메이라 주의 카르보네라스(Carboneras).

B. 융기 해빈에서 모래와 자갈이 엉긴 퇴적물의 상세한 모습. 조개 화석이 많이 보인다. 에스파냐 알메이라 주의 마세나스(Macenas). 지난 간빙기(OIS 5)에 형성되었다.

잡성은 지구조적인 활동 혹은 빙하성 지각평형(glacio-isostasy) 작용 등과 관련이 있다(본문 2.2.4 참조). 예를 들면, 아라비아 만의 무산담(Musandam) 반도의 하강 요곡 작용(downwarping)은 해안선 침강을 강화시켰다. 중부 캘리포니아 해안의 지구조적 융기 작용은 상승 해안선을 만들었다. 지속적인 지각평형적 융기에 따른 빙하성 지각평형적 함몰은 침강과 융기 해안 지형을 함께 보여 주기도 한다. 예를 들면, 북극해와 북대서양 해안, 서부 스코틀랜드 해안, 동부 캐나다의 허드슨 만, 발트 해 등에서 잘 나타난다(그림 2.8 참조).

　지난 6,000년 동안의 이력을 살펴보면, 현재의 해안은 어떤 유형의 평형 조건과 부합되는 것은 아

니며, 지속적인 변화 상태에 있는 것으로 보는 것이 적절한 것 같다. 중기 홀로세의 불규칙한 침강 해안선들은 해안단애 침식과 보다 저위 지점에서의 퇴적에 의해 직선화되었다. 퇴적 해안에서는 사취의 발달, 내만(embayment)의 퇴적성 충적과 같은 전진적인 퇴적 지형의 진화가 일어났다. 하천 삼각주가 성장하고 하구에서는 충적이 일어났다.

전반적으로 빙하 작용 후에는 쉽게 침식되는 퇴적물이 풍부해졌으며, 이에 따라 퇴적물의 유용성은 낮아지게 되었는데, 특히 지난 세기 동안 인간 활동에 의해 가속화되었다(6장 참조). 해안 보호 장치를 예로 들 수 있으며, 특히 많은 주요 하천에서의 댐 건설 등으로 인해 퇴적물이 하천 유역에 붙잡히면서 해양 체계로의 퇴적물 유출이 방해받게 된 것이 중요하다.

마지막으로 지구온난화의 결과로 다음 세기 동안 해수면이 대략 2m 상승할 것으로 예상되는 바, 이에 대한 가능성 있는 대응이 문제이다.

4.6.6 호안선

연안(coastal) 지형학에서 마지막으로 간단히 언급하고자 하는 것은 호수와 호수 연안, 즉 호안에 대한 것이다. 호수의 규모는 극히 작은 것에서 북아메리카의 오대호처럼 초대형인 것도 있다.

호수의 구분에서 중요한 것은 배수 출구가 있는 호수인지, 저수 종착이 되는 호수인지이다. 이것은 일차적으로 물 수지 문제이다. 습윤한 지역에서 초과되는 물은 호수의 수위를 출구 수위로 계속 유지한다. 그리고 배수 출구를 통해 나가는 물은 호수 아래에 있는 하천 체계로 들어간다. 그러나 건조한 지역에서 호수 수위는 유역 출구 수위에 이르지 못하게 되는 경우가 많고, 단기간에도 수량에 따라서 수위의 오르내림이 나타날 수 있다. 이는 건조한 지역의 호수 유역이 예외적으로 강수량이 많은 경우를 제외하고는 대부분의 경우에 건조한 상태임을 의미한다. 이러한 호수는 염호인 경우가 많은데, 호수 바닥(플라야)에 염분이 계속 쌓이기 때문이다(본문 4.1.3 참조). 건조 시에 염호는 염분이 풍부한 먼지와 모래 등 풍성 작용의 원천이 된다.

대규모 호수는 해양과 어떻게 다를까? 일반적으로 대규모 호수는 비염분성이다. 물론 내륙 건조 지역의 호수는 예외적으로 염분성이 있다. 또한 호수는 조차라 부를 만한 현상이 없다. 많은 호수들은 플라이스토세 말기 이후(10,000~12,000년 전)에 나타난 것들이다. 물론 예외적으로 더 오래된 것들도 있지만, 대부분은 해안선과 비슷한 연대를 가진다. 매우 큰 호수의 호안선 형성 작용에는 파랑의 영향이 지배적이다. 이에 따라 호안단애의 침식과 해빈 퇴적이 발달한다. 그러나 이러한 현상은 제한적이다. 호수로 접어드는 하천에서는 중요한 지형으로 삼각주가 발달하기도 한다. 호수 분지는 물질 공급 지대로서 점진적인 호수 충적의 대상이다. 캐나다와 러시아의 대규모 호수들이 결빙되는 것도 중요한 작용으로, 호안선 지형 형성에 영향을 미친다.

영구적인 호수는 호수로 유입되는 크고 작은 하천에 대한 국지적인 수위 기준 작용을 한다. 사막의 플라야는 뚜렷한 기준 수위 영향력을 가진다. 긴 시간 동안 호수 바닥에 퇴적 작용이 일어나면, 유입 하천에 대한 기준 수위가 높아져 플라야 가장자리에서는 선상지형 삼각주(fan-delta)의 쐐기 퇴적(wedge deposition)을 유발한다. 한편, 대규모의 '다우호'(pluvial lake)는 미국 서부의 베이슨앤드 레인지(Basin and Range) 지역의 일부 내륙 분지에 발달해 있다. 대표적인 것으로 유타 주의 다우호인 보너빌 호(Lake Bonneville)와 네바다 주의 라혼탄 호(Lake Lahontan)가 있다. 이들은 지난 플라이스토세 말기에 분지 가장자리에서 수위 기준을 상승시켰는데, 플라이스토세 최종기에 건조화로 인해 수위 기준면이 저하되었다. 이때 급경사의 호안면에서는 유입되는 하천의 개석이 증폭되었다. 다른 곳에서는 이러한 하천으로부터의 토사 퇴적이 단순히 분지의 중심을 향하면서 일어났다.

Chapter 05

시간 규모와 지형 진화

경관을 설명할 때, 개별적인 지형 혹은 지형 집합(landform suites)의 단순한 설명 이상의 것들이 있다. 우리는 지형 환경(landform settings)과 지질구조에 의해 제시된 범위에서 형성 과정과 형성 과정−형태 관계를 고려하여 지형을 설명한다. 경관 설명에서는 지형 환경들 간의 관계와 시간 관계의 변화를 살펴야 한다. 이를 위해 1장에서 논의한 시간과 공간의 규모에 의해 제기된 이슈로 다시 돌아갈 필요가 있다. 먼저 이에 대한 사례를 살펴보기로 한다.

5.1 경관 진화: 사례−컴브리아 칼링길의 제3기 후기의 경관들

그림 5.1은 잉글랜드 북서부의 하우길펠스(Howgill Fells)에 있는 칼링길(Carlingill) 계곡의 일부분이다. 사진은 정밀한 경관을 보여 주는데, 활동적 혹은 비활동적인 산지 사면과 우곡 체계, 하천과 그 퇴적물, 사진 중앙의 대규모 암석질의 선상지들을 확인할 수 있다. 이러한 규모의 지형들은 상대적으로 짧은 기간 동안 진화해 온 것이다. 보다 긴 기간 동안에는 이러한 내용들을 보여 주지 못한다. 기반암의 지질은 습곡을 받은 실루리아기의 이암이며, 지구조적으로 안정되어 있다. 산지의 정상은 과거 개석된 침식면의 일부이다. 최종 빙기 최성기(Last Glacial Maximum) 동안(대략 2만 년 전)의 지역 환경을 살펴보면, 북 잉글랜드의 이러한 지역은 상당한 두께의 빙하빙 아래에 있었다. 따라서 근본적으로 빙상이 후퇴한 뒤 대략 15,000년 전부터 진화해 온 지형들이다.

사진의 오른쪽으로 산지 사면의 상부에는 기반암 노두가 드러나 있고, 사면의 하단부는 점토질 매트릭스에 포함된 빙하성 거력 점토(boulder clay)로 구성되어 있다. 하천의 개석으로 사면 바닥이 노출되면서 기저부에는 매우 치밀한 퇴적물이 나타난다. 이것은 아마도 빙상의 지표 모레인으로 퇴적된 빙퇴적 물질로 보인다. 사진의 후면과 상단의 능선은 빙상으로 덮여 있으며, 사진이 찍힌 계곡 측면의 기반암 반대편에 빙퇴적물이 쌓여 있다. 동일한 단면들의 상부는 층화가 약하면서 덜 치밀한 퇴적상을 보이는데, 암편의 배열은 사면 표면과 평행하다. 이러한 퇴적물은 분명히 솔리프럭션의 산물로서, 사면 하방 이동과 빙퇴석의 재작용 등에 의해 현재 위치에 자리 잡은 것이다. 솔리플럭션은 또한 부드럽고, 완만한 오목 사면을 만들었는데, 이것은 플라이스토세 말 한랭 시기의 말기(영구동토 상태?) 조건 이전에 빙상이 소멸된 후 어느 기간 동안 이루어진 것으로 보인다.

솔리플럭션 표면은 산지 일대에서 추적된다. 사면 아래 가장자리는 사면이 깊이 깎이면서 절단되

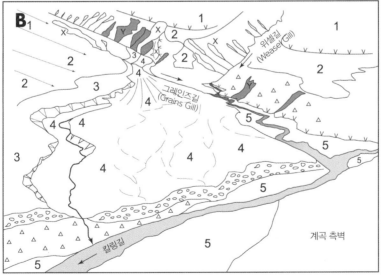

그림 5.1 잉글랜드 컴브리아
주 하우길펠스의 그레인즈길.

A. 그레인즈길의 유역 경관
으로 칼림길의 지류(사진 오
른쪽에서 왼쪽으로 흐르는 하
천).

B. 위 사진에 대한 설명 그림:
1. 사면 기반암; 2. 빙하 말기
솔리플럭션 사면; 3. 고위 하
천 단구면과 선상지 사면; 4.
저위 선상지 사면(칼링길 상
단의 보다 낮은 단구면을 이
루기도 함); 5. 하천 퇴적물.
범람원을 지니고 있다.

Y	활동성 우곡(gully)과 침식흔(scar)
X	고기 세곡(현재 안정)
1 - 5	침식과 퇴적의 연속체

하천/선상지성 역층
거력 점토층

었는데, 이는 사면 형성 작용 이후 하천 하각에 의한 것이 분명하다. 사진 왼쪽의 거의 평탄면에 가까운 사면은 조립질의 자갈이 많은 퇴적물로서, 빙퇴석을 횡으로 절단하는 수평면에 형성된 것이다. 이는 현재의 하천 위에 있는 하안단구로 볼 수도 있는데, 아마도 솔리플럭션 표면과 같은 기간에 형성된 것으로 보인다. 이러한 사면 지형 연속체는 계곡 왼쪽 측사면에 발달하고 있는 벤치로 추정된다.

단구면 아래의 모든 지형면은 단구면 고도에서 개석된 것이며, 따라서 단구의 하각과 연계되어 단구면보다 젊은 연대를 가진다. 산지 사면에서 현재는 안정된, 솔리플럭션 표면을 개석했던 우곡들이 보인다. 이들 지형면은 하안단구면 아래에 있으며, 사진의 중앙에 있는 암설이 많은 단구면으로 유입된다. 선상지에서는 거력의 둥근머리 능선과 망상 하도 체계를 볼 수 있다. 우곡과 선상지의 결합 지형은 상당한 기간 동안 산지 사면의 침식과 선상지 퇴적이 함께했음을 보여 준다. 어느 시기에는 퇴적물 공급이 하천이 운반할 수 있는 범위를 넘어선 것이 분명하다. 현재의 하천 체계는 선상지면 아래에 위치하는데, 이것은 우곡이 안정되면서 공급물 과잉 상태에서 부족 상태로 대체됨에 따라 하천이 다시 하각을 하게 된 것이다. 현재의 우곡과 하천 측면의 사면 붕괴 자국들은 오늘날에도 계속되고 있으며, 현재의 하천 하도로 공급되는 퇴적물의 공급원이다.

경관을 자세히 관찰하고 지형과 퇴적물 간의 관계를 고려하면, 가시적인 경관들을 만들어 온 사건들의 연속체를 구축할 수 있다. 요약하면, 이러한 연속체는 다음과 같다. (1) 솔리플럭션면 형성 후의 빙하 소멸, (2) 하각이 지배적인 기간의 지속. 이 기간 동안에 단구면은 발달을 멈추고, 솔리플럭션면은 깊은 하방침식을 받음, (3) 사면의 우곡 작용과 곡저의 대규모 선상지 퇴적, (4) 사면 우곡의 안정. 퇴적물 공급의 감소 및 선상지면 아래의 현재 하천의 하각, (5) 현재 진행 중인 우곡 작용. 그러나 운반 물질의 공급이 하천 체계의 한계를 넘지는 않으며, 퇴적물은 현재 하천으로 공급됨. 빙하 소멸과 연관되는 대략의 시간 규모 유추와 뒤이은 솔리플럭션의 후퇴에 대한 시간 규모 유추와는 별도로, 남은 작업은 이 사건들의 연대를 알아내는 것이다. 즉 지형/퇴적물 연속체(landform/sediment sequence)를 연대로 전환하는 일이다.

5.2 상대연대 측정

위의 사례에서 볼 수 있듯이, 지형 발달의 연속체(sequence)를 파악하기 위해 지형 자체와 그와 연관된 퇴적물로부터 나온 증거를 이용해 왔다. 이러한 연속체를 정교화하기 위해 사용할 수 있는 증거에는 두 가지 유형이 있다. 바로 상대 및 절대 연대 측정이다. 상대연대 측정(relative dating)은 지형/퇴적물 연속체에 적용할 수 있는 시간 규모를 인지하는 데 달려 있다.

상대연대 측정 기법의 일차 유형은 퇴적암의 화석과 동급을 이루는 퇴적 지형을 형성하는 퇴적물을 찾는 것이다. 생명체의 진화에 바탕을 둔 전통적인 화석 증거는 전기 플라이스토세 연대 측정에는 어느 정도 역할을 하지만, 후기 플라이스토세와 홀로세에서는 거의 활용도가 없다. 예를 들면, 지중해 지역의 융기 사빈 퇴적물에는 현재의 지중해에서는 나타나지 않는 열대성 복족류가 나타난다. 이러한 동물성 퇴적물은 후기 플라이스토세나 홀로세가 될 수가 없고, 마지막 간빙기(OIS 5) 혹은 그 이전이 되어야 한다. 제4기 후기의 퇴적물에서 가장 일반적으로 이용되는 화석 증거는 화석 화분이다. 화분은 토탄 퇴적물 혹은 유기물층에 가장 잘 보존되어 있으며, 실험실에서 분석할 수 있다. 화분 분석체에 포함된 종들은 퇴적물을 후기 플라이스토세의 알려진 어떤 시기와 결부시키는 데 도움을 주는데, 홀로세 중기 이후부터 식생 연속체에 인간의 영향이 있었던 것으로 알려진 시기까지가 포함된다. 미국 남서부의 건조한 지역에서 화분이 잘 보존된 사례가 있는데, 그것은 미국산 큰 쥐(packrat)의 둥지에서 쥐의 오줌에 의해 교결된 것이다. 홀로세 중기 이후 시기에 적용할 수 있는 또 다른 특정 유형의 '화석' 증거는 인공물의 형태로 된 고고학적 증거들이다.

보다 중요한 것은 아마도, 증거들이 많이 분산되어 있기 때문에 발달 정도에 대한 정보를 어느 정도 알고 있는 과정들을 통해 퇴적 표면을 조정하는 과정이다. 앞서 예로 든 하우길의 사례(본문 5.1 참조)에서 보면 솔리플럭션 사면과 고지대의 하안단구는 모두 잘 발달한 포드졸 토양을 지니고 있는데, 이들 토양은 적갈색의 B층을 가지고 있다. 반면에 보다 젊은 지표면들은 기껏해야 약한 A−C 단면을 보여 줄 뿐, 거의 풍화되지 않은 모재 자갈(parent gravels) 위에 놓여 있는 상태이다. 즉 토양 편년연속체(chronosequence)를 확인할 수 있다. 많은 지의류(lichens; 그림 5.2A)들은 성장률이 잘 알려져 있어 퇴적물 연대 측정에 많이 사용되어 왔다. 예를 들면, 현재의 빙하 지역에서 후퇴하는 모레인 등에 적용된다. 하우길의 현재 하천 체계 내에 있는 퇴적 지표면과의 상호 연계성을 밝히는 데 지의류계측(lichenometry)이 사용되었다. 식생 천이율이 어느 정도 알려져 있다면 보다 고등 식물의 천이도 유용하게 사용된다. 생물학적 증거에서 가장 유용하게 사용되는 것은 퇴적 표면에서 성장하는 나무의 나이테를 헤아리는 것이다(연륜연대학, dendrochronology). 이러한 증거(나이테 성장의 왜곡을 포함하여)는 알프스나 다른 산지 지역에서의 암설류(debris flow)의 빈도를 측정하는 데 유용하게 사용된다.

전부는 아니지만 위에서 언급한 대부분의 기법들은 일차적으로 습윤한 지역에 적용된 것이다. 건조한 환경에도 적용되는 유사한 기법들이 있는데, 다음과 같다. 사막 포도(desert pavement)의 발달 정도(본문 4.1.1 및 그림 4.1B 참조), 사막 토양의 발달 정도(본문 4.1.3 및 그림 4.3 참조), 석회각 발달의 성숙도, 예를 들면 단순

그림 5.2 하우길펠스의 홀로세 지형 연대 측정. 잉글랜드 컴브리아 주
A. 거력 표면에 군락을 이루고 있는 지의류. 이러한 지의류는 200년 정도의 연대를 가진 곡저 사력퇴의 연대 측정에 적합하다.
B. 소규모 선상지/암설추(debris cone). 칼링길로 접어드는 지류. 고도가 보다 높은 하안단구(후기 플라이스토세)가 다중 분절 선상지(multi-segmented fan)에 의해 잘려 있다. 칼링길의 상위 분절 선상지는 층을 이루면서 저위 선상지로 유입된다. 본류 곡저에는 칼링길에 현재 흐르고 있는 하도가 보인다(왼쪽에서 오른쪽으로 흐름). 과거 하도의 방향은 하천 바닥의 역퇴(cobble bar)를 통해 확인할 수 있다.
C. 매몰된 유기물 토양(어두운 층)이 선상지 퇴적물과 교층을 이루고 있다. 이들 퇴적물은 선상지 퇴적 상황별로 탄소연대 측정에 적합하다.
D. 탄소연대 측정에 의한 선상지 퇴적 단계(sedimentation phase)별 연대 요약도. 잉글랜드의 북서부와 스코틀랜드 남서부 지역의 고지(upland). 산지 사면 활동의 주요 단계들(요약도 왼편 분홍색 띠로 표시)은 일차적으로, 기후적으로 습윤한 기간(요약도의 오른쪽 영역의 검은색 띠)보다는 산지 식생에 대한 인간의 간섭과 더 큰 상관관계를 가진다.

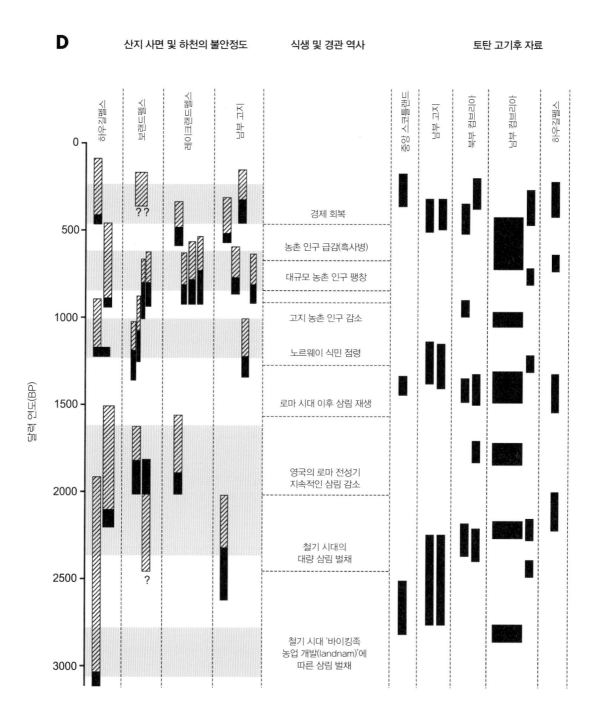

D

산지 사면 및 하천의 불안정도

식생 및 경관 역사

토탄 고기후 자료

하우길펠스

보렌드펠스

레이크렌드펠스

남부 고지

중앙 스코틀랜드

남부 고지

북부 컴브리아

남부 컴브리아

하우길펠스

달력 연도(BP)

경제 회복

농촌 인구 급감(흑사병)

대규모 농촌 인구 팽창

고지 농촌 인구 감소

노르웨이 식민 점령

로마 시대 이후 삼림 재생

영국의 로마 전성기
지속적인 삼림 감소

철기 시대의
대량 삼림 벌채

철기 시대 '바이킹족
농업 개발(landnam)'에
따른 삼림 벌채

한 석회각인지 혹은 각력화(brecciation)된 것인지를 파악하는 것 등이다. 나아가 암석 표면의 노출에도 적용이 가능한 것으로는 사막 피막(desert varnish)의 발달 정도를 파악하는 것이 있다. 사막 피막은 건조 환경에서 발달하는 철과 망간 등에 의한 어두운 색의 피막을 말한다.

많지는 않지만, 퇴적 표면보다 암석 표면 노출의 상대연대 측정에 보다 더 유용한 기법들이 있다. 지의류, 풍화각(weathering rind) 혹은 풍화혈(weathering pit) 발달 등이 보편적으로 사용되는 것들이다.

5.3 절대연대 측정

이상에서 논의된 상대연대 측정 기법들은 연속체(sequence)를 재정립하는 데 도움이 되지만, 절대연대의 확인은 거의 불가능하다. 그러나 연속체의 절대연대 비정이 가능한 몇몇 분석 기법들이 있다. 이들 모두 복잡한 실험 절차를 요구한다. 여기서는 지나치게 기술적인 면은 생략하고, 주요 기법들의 적용 가능성을 요약하여 제시하고자 한다. 대부분은 퇴적물 연대 측정에 대한 것이다. 따라서 결과로 얻은 자료들이 연대 측정된 기존의 자료들보다 이전, 동시대, 이후와 연계가 되는지를 파악하기 위해 현장 자료 수집이 중요하다. 이들 기법의 상당 부분은 퇴적물을 구성하는 광물질 내의 동위원소의 방사능 붕괴 측정으로 특정 원소의 방사능 붕괴 반감기에 의한 것이다. 예를 들면, 칼륨-아르곤(K-Ar) 계열 연대 측정은 수백만 년의 기간에 적합한데, 보다 최근의 퇴적물보다는 암석 연대에 적합하다.

퇴적물 연대 측정에서 가장 일반적으로 사용되는 방법은 탄소연대 측정(radiocarbon dating)이다. 이것은 유기물(토탄, 유기물 토양, 나무, 숯 등) 혹은 과거 생물 탄화물(바다의 조개)에 포함된 ^{12}C에 대한 ^{14}C의 비율을 측정하는 것이다. 표준기법은 약 3만 년 정도까지 적용이 가능하며, 따라서 제4기 후기의 퇴적물 연대 측정에 아주 유용하다. 고고학에서는 적용이 어려울 수도 있다. 표준기법은 최근 40년까지도 가능한데, 이 경우에는 상대적으로 많은 양의 탄소가 필요하다. 최근 가속질량분석기(Accelerator Mass Spectrometry, AMS) 기법의 발전으로 보다 적은 시료로도 가능하게 되었는데, 이 방법의 적용이 보다 확장되면서 일반적인 대상 및 시간 규모 측정도 가능하게 되었다.

또 다른 중요한 방사능 측정 기법으로 지난 30년간 많은 발전을 이룩한 탄산칼슘에 미량으로 들어 있는 우라늄-토륨(U-Th) 계열에 대한 것이 있다. 이 기법은 수십만 년 정도 연대에 적용되며, 따라서 중기 및 후기 플라이스토세의 탄산염(해양 조개류, 토양 탄산염) 연대 측정에 유용하게 사용된다.

방사능 측정 기법에 대해 두 가지 더 언급하고자 한다. 모두 최근의 퇴적물에도 적용이 가능한데, 납 210(Lead-210)과 세슘 137(Cesium-137) 기법이다. 세슘 137은 핵폭발 시 발생하는 인공적인 원소이다. 따라서 이 방법은 매우 젊은, 1940년대 이후 형성된 퇴적물의 연대 측정에만 사용되며, 최근의 토양 침식률, 혹은 홍수 퇴적 등에 적용될 수 있다. 납 210 연대 측정은 지난 100년 정도의 상대적으로 젊은 퇴적물에 적용이 가능하다.

최근에 개발된 또 다른 두 가지의 연대 측정법은 방사능 붕괴에 의한 방식이 아니면서 지형학 연구에 적용된다. 루미네선스(비열발광) 연대 측정(luminescence dating)과 우주기원 연대 측정(cosmogenic dating)이 그것이다. 매몰된 퇴적물에 포함된 석영이나 장석 결정질은 그 배후의 이온화된 방사능을 흡수한다. 이들에 어떤 자극을 주면, 루미네선스로 방출된다. 루미네선스는 태양광에 노출되면 표백되어 버린다. 루미네선스 신호는 매몰 기간에 비례하여 증가하고, 최종의 태양광 노출 시기를 측정하는 데 사용된다. 이 기법은 석영 및 장석이 풍부한 사질 퇴적물의 연대 측정에 성공적으로 사용되고 있다. 특히 풍성 환경, 하천 환경의 퇴적물에 많이 사용되고 있는데, 운반 과정에서 태양광에 노출된 후 곧바로 매몰되어 퇴적된 경우에 특히 유용하다. 이들은 지난 10만 년 전 내외의 제4기 말기에 잘 적용된다. 이 기법은 이러한 시간 규모에 유용한 대부분의 방사능 반감기 방식과는 대조적으로, 즉 어떤 연대 이전 혹은 이후보다 퇴적 연대를 알려 준다. 우주기원 기법은 노출된 암석 표면에 도달한 우주기원 핵종(核種, nuclide)의 흡수량을 측정하는 것이다. 따라서 이 방법은 암석 노출 연대 측정의 가능성을 높여 준다.

5.4 시간 및 공간 규모-결합: 두 가지 사례

두 가지 대조적인 영역의 경관 진화를 살펴보면서 본 장의 결론을 맺고자 한다. 경관 진화에 대한 전통적인 지형태층서적(morphostratigraphic) 관계들은 상대연대 측정 방법에 의해 논의되는 것으로, 보다 발전된 절대연대 측정법의 적용으로 최근 그 정밀도가 높아졌다. 두 가지 사례는 저자의 연구 경험에서 나온 것이지만, 동료 학자들과 함께 연구한 것으로, 특히 연대 측정 방법 측면에서 그러한 것이다. 두 가지 사례는 서로 매우 다른 지형을 대상으로 하고 있으며, 대상의 시간 규모도 매우 다르다.

5.4.1 잉글랜드 북서부의 고지

첫 사례는 앞서 언급한 하우길로서(본문 5.1 참조) 여기서 현재 안정된 산지 사면의 우곡을 확인했다. 이 우곡을 통해 퇴적물이 선상지 체계로 공급되었다. 잉글랜드의 북서부와 스코틀랜드 남서부의 다른 산지 지역의 이와 유사한 우곡 체계는 암설추와 선상지에 퇴적물을 공급했다(그림 5.2B 참조). 여기에서 첫 번째 의문은 '이들 체계가 얼마나 오래된 것인가?'하는 점이다. 형태 및 토양 증거를 보면 이들의 연령은 플라이스토세 말기가 아닌 홀로세로 보인다. 두 번째 의문은 '이들은 단지 하나 혹은 몇 개의 사면 불안정 시기만을 보여 주는 것인가? 그리고 이들은 보다 넓은 지역에서 같은 시기를 보여 주는가?'하는 점이다. 세 번째 의문은 '그 원인(들)은 무엇인가? 기후 변동에 의한 것인가, 혹은 인간의 간섭에 의한 것인가?'하는 점이다. 희망적인 것은 우리들이 사면 불안 정도의 시기에 대해 더 많은 것을 알고 있다면, 이 마지막 의문과 연관하여 몇 가지 증거를 제시할 수 있다는 점이다.

상당수 선상지의 암설추 하단부를 파고 들어간 하천침식에 의한 개석이 이들 지형 하부의 매몰된 토양 혹은 토양층까지도 노출시키고 있는 것이다(그림 5.2C 참조). 이들 토양의 유기물층은 일차적으로 하우길 내에서 나온 것으로, 시료를 채취하여 표준 탄소연대 측정으로 연대를 측정했다. 그후 리버풀 대학교의 리처드 치버럴(Richard Chiverrell)과의 공동연구를 통해 다른 고지대(upland)의 지표층까지 연구를 확대할 수 있었다. 여기서 더 많은 시료들을 채취했고, AMS 연대 측정까지 시도했다.

그 결과는 그림 5.2D에 정리되어 있으며, 위에서 제기한 세 가지 의문에 대한 해석의 실마리가 들어 있다. 먼저, 거의 모든 자료들은 홀로세 말기와 연관되어 있으며, 토양이 지난 2,000년 동안 선상지/선상추에 의해 매몰되었다는 것을 알려 준다. 둘째, 이들은 사면 불안정성의 여러 상황들을 보여 준다. 비록 이들은 같은 지역 내에서도 미묘한 차이가 있지만, 주요 시기(들)에 대해서는 지난 1,000년 전에서 700년 전 사이라는 강력한 증거가 나오고 있다. 지난 300년 동안에는 비교적 시간 간격이 덜 벌어진 경우도 있다. 연대 묶음으로 시험해 보고 이를 기후 변동과 인간 간섭의 증거와 연계시켜 보면, 자료들은 일차적으로 인간 간섭과 연관된 사면 불안정의 주요 단계(들)를 강하게 제시한다. 이러한 인간 간섭에는 고지의 방목, 이와 연관된 삼림 벌채 등이 있다. 다른 측면에서 보면, 사면 불안정의 마지막 단계는 지난 300년 동안 촉발된 것으로, 17세기에서 19세기에 이르는 기간의 '소빙기(Little Ice Age)'로 알려진 기후 악화의 영향을 들 수 있다.

5.4.2 에스파냐 남동부의 소르바스 분지

두 번째 사례는 위 사례와 지형적으로 매우 다른 지역으로, 잉글랜드 북서부의 사례보다는 시간 규모의 폭이 훨씬 크다. 이는 지난 백만 년 동안 에스파냐 남동부의 벨틱(Beltic) 산맥 내에 있는 작은 퇴적 분지인 소르바스 분지로, 미오신 중기에 극에 달한 아프리카판과 유럽판의 충돌 결과로 만들어졌다. 그 결과 주요 기저부 구조들이 지표면에 구축되었으며, 현재의 로스필라브레스 산맥(Sierra de los Filabres)과 알함미야/카브레라 산맥(Sierra Alhamilla/Cabrera; 그림 5.3) 등이 형성되었고, 이들 산맥 사이에 퇴적 분지들이 만들어졌는데, 그중 하나가 소르바스 분지이다.

그 후 신지구조 활동은 계속 되고 있으며, 오늘날까지 이어지고 있다. 주요 주향이동 단층 체계의 발달로 부분적으로 현재의 전반적인 지형 구조가 형성되었다. 이에 더하여 지역적인 융기의 차이로 지역적인 기복 차이가 강화되어 왔다.

후기 미오신세 동안, 분지 퇴적이 이루어졌는데, 초기에는 해양 퇴적과 유사한 방식으로 일어났다. 플라이오세 초기에 이르러 소르바스 분지가 드러나게 되고 육지 기원의 퇴적이 일어나기 시작했다. 그러나 남쪽으로 알메리아(Almeria) 분지는(그림 5.3) 여전히 얕은 해양 환경으로 남아 있었다. 플라이오세 말기/플라이스토세 초기 무렵, 하천 체계(아구아스/페오스)는 로스필라브레스 산맥 남쪽(그림 5.3)으로부터 소르바스 분지를 지나 알메이라 분지에 접하는 구간에 발달하면서 알함미야와 카브레라 산맥의 구조적인 저지를 가로지르게 되었다. 이러한 하계망은 플라이스토세의 상당한 기간 동안 존속했다. 하천 자갈과 역암(conglomerates)으로 이루어진 연속된 하안단구들은 소르바스 분지를 지나 하방침식적 하계망 발달의 단계를 보여 주는 알메리아 분지에 이르기까지 추적된다(그림 5.4A).

한편, 또 다른 하천 체계(하부 아구아스)는 동향하면서 지구조적으로 보다 저지가 된 인근의 베라 (Vera) 분지로 접어든다(그림 5.3). 이 분지는 적종하 하계망(subsequent drainage; 본문 3.2 참조)처럼, 초기 미오신세의 해양 퇴적물 내의, 특히 약한 이회암의 노두를 따라서 후방 하각되었다. 이러한 후방 하각은 소르바스 분지의 중심까지 이어졌으며, 원래의 아구아스/페오스(Aguas/Feos)의 하계망을 쟁탈했다. 이 하천쟁탈은 소르바스 분지의 지형 형성에 큰 영향을 미쳤다.

본 저자는 동료 스티브 웰스, 앤 마더, 마틴 스톡스, 엘리자베스 화이트필드(마헤르)와 함께 하천쟁탈의 영향을 확인하였다. 아구아스 강의 상류는 급격하게 하방침식을 하여, 소르바스 분지까지 파고 들었다. 이로 인해 협곡(canyon)과 감입곡류(incised meander; 그림 5.4B)를 형성하고, 산사태를 유발하며, 사면 침식과 악지형(badland) 발달(그림 4.6C, 4.9C 참조)을 촉발했다. 하류로 가면서 페오스는 알리아스와 합류되면서, 규모가 상당히 큰 하천에서 소규모 하천으로 변형되었는데, 이것은 아구아스/페오스 상류를 상실했기 때문이다.

이러한 지형 형성률(rate of geomorphic process)이라는 아이디어를 확인하기 위해, 쟁탈 사건의 연대를 살펴볼 필요가 있다. 먼저 스티브 웰스, 수잔 헌트(밀러)와 공동으로 작업하면서, 쟁탈 이전과 이후에 퇴적된 하안단구의 토양과 석회각 발달에 대한 상대연대를 이용하여 연구한 결과, 5만 년과 10만 년 전 사이에 쟁탈이 일어났으며, 이보다 상당히 더 오래된 고위 하안단구와 상당히 더 젊은 페오스 계곡에서의 쟁탈 이후의 단구들도 함께 존재한다는 것을 확인했다. 탄소연대 분석에 의하면 이들 중 가장 젊은 것은 홀로세(2300 BP+/−90 a)까지 내려간다. 가장 최근에, 이안 캔디는 석회각에 대해 우라늄−토륨 연대 측정을 통해 쟁탈 사건의 시기를 대략 6만 년 전으로 확정했고, 그 후 뒤따른 주요 지형 변화는 상대적으로 짧은 시기에 이루어진 것으로 보았다. 페오스/알리아스 계곡에서의 주요 쟁탈 이후 단구면 내부에서의 퇴적물에 대한 루미네선스 연대 측정을 시도한 안드레아스 랭, 바버라 무즈와 엘리자베스 화이트필드는 연대를 2만 년으로 확정했으며, 이 연대는 증가한 퇴적물 형성이 최종 전 지구 빙하기(OIS 2)와 관련된 기후변화와 일치한다는 점도 확인했다. 이것은 다시, 이 계곡에서 보다 젊은 지형의 발달에 대한 시간 규모를 알려 준다.

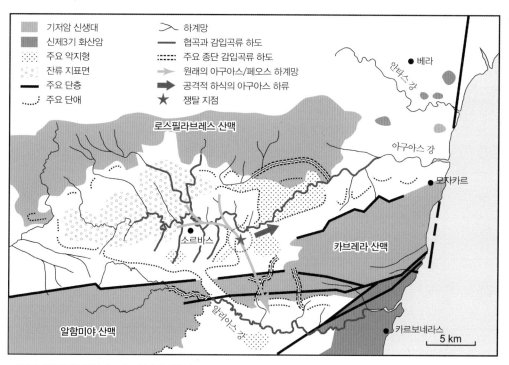

그림 5.3 에스파냐 남동부 소르바스 분지의 지형 지도

그림 5.4 소르바스(에스파냐 남동부) 하천쟁탈 사건

A. 하천쟁탈 지점. 지금은 두부침식되어 사라진 아구아스/페오스 계곡을 남쪽으로 바라보고 있다. 하천은 카메라와 멀리 떨어진 곳에서 남류하고 있으며, 사진의 중앙에 횃대 계곡(perched valley)을 통과하고 있다. 이 계곡의 바닥에는 과거 하천 자갈의 흔적이 선형으로 나타난다. 이 하계망은 보다 저지의 아구아스 강에 의해 쟁탈되었으며, 현재 아구아스 강은 사진 중앙에 있는 감입 계곡 내에서 오른쪽에서 왼쪽으로, 즉 동쪽으로 흐르고 있다. 급격한 하각은 석회암 사면을 굴식하면서 사면 불안정성을 유발하였다(사진 중앙의 왼쪽).

B. 하천쟁탈의 시기에 대한 증거는 과거 하천 체계에서의 하안 단면에 대한 연구에 기초한다. 여기서는 과거 아구아스/페오스 유역에서의 두 개의 자갈 단구면이 후기 미오신세 해양성 퇴적암 위에 부정합적으로 얹혀 있다(소르바스 마을 상류). 가장 상단의 단구는 사진의 오른쪽의 스카이라인에 해당한다. 그 바로 아래 단구는 사진의 왼쪽에 벤치를 형성하고 있다.

C. 쟁탈 지점의 상류에서 쟁탈의 영향. 감입 하각은 쟁탈 지점으로부터 상류 방향으로 작용하면서 소르바스 마을에서 장관을 이루는 감입곡류를 만들었다. 마을이 들어선 두 개의 평탄한 지표면은 과거 아구아스/페오스 강의 하안단구들이다.

D. 쟁탈 지점 하류에서 쟁탈의 영향은 두부침식이 이루어진 람블라데로스페오스(Rambla de los Feos)이다. 쪼그라든 하천은 과거 계곡 바닥 아래로는 더 이상 하각을 하지 않는다. 대신에 알함미야/카브레라 산맥을 관통하는 곡저는 거의 작은 지류성 선상지와 녹설 사면(colluvial slope) 퇴적물로 막혀 있다.

Chapter 06

지형학과 사회와의 상호작용

마지막 장에서는 지형학과 사회와의 상호작용을 다루고자 한다. 이것은 광범위한 주제이지만 본 장에서는 간단히 요약하여 언급하고자 한다.

6.1 지형 체계에 미치는 인간의 영향

지난 5,000년 동안 인간 사회는 자연환경을 지속적으로 변형시켜 왔다. 특히 신석기 혁명과 농업 발달의 확산이 이러한 변형을 주도했다. 세계 여러 지역에서 자연 식생은 급속도로 변화했는데, 주로 삼림 벌목, 농업과 목축, 지표면의 수문·유량·침식의 관계에 대한 변형으로 이루어졌다. 먼저 중동과 지중해 지역의 취약성이 높은 반건조 환경에서 일어났다. 보다 후대인 지난 2,000년 동안 유럽에서의 삼림 벌목도 목축과 농경에 의한 것이었다. 지형적인 영향도 사면 형성 과정에 큰 영향을 미쳤다. 예를 들면, 중동과 지중해 지역에서의 광역적인 지표 훼손에서부터 영국 고지대에서의 사면 우곡 현상(본문 5.4.1 참조), 독일 남부의 급경사 풍성층 사면의 불안정화에 이르기까지 다양하다. 하천 체계의 퇴적물 계단들에서도 인간의 영향이 많이 나타났다. 광대한 곡저들이 퇴적되고, 다시 개석되면서 홀로세 말기에는 인간의 간섭에 의한 하안단구가 지중해 지역 전역에 걸쳐서 나타났고, 보다 규모는 작지만 유럽의 많은 지역에서도 나타났다. 이러한 변화의 원인에 대한 증거는 고고학 및 고식생의 증거들과 깊이 연관되어 있다. 그러나 지형에 미친 증거는 지표 지형과 퇴적물 자체에 내포되어 있다.

지난 200년에서 300년 동안 농업의 영향은 신대륙까지 확대되었다. 아메리카, 오스트레일리아, 아프리카, 아시아의 유럽 식민지 등이 모두 여기에 포함된다. 확장된 농업은 전 세계에 걸쳐 광범위한 토양 침식을 유발했다. 사실 지난 200년 동안 인간의 간섭은 최고조에 달했다. 가장 분명한 토지 이용의 변화에 관해서만 보더라도 광업, 공업, 도시화와 관광에 이르기까지 다양한 영역에 걸쳐서 나타났다. 그 효과는 토지 피복의 변화로 인한 퇴적 체계의 간접적인 반응뿐만 아니라 물리적 환경에 대한 직접적인 공학적 조정까지도 포함한다.

아마도 하천 체계가 가장 극적인 변화를 겪은 것으로 보인다. 대규모 하천 체계의 상당수는 관개, 수자원 공급, 수력 발전, 하천 정비 등 다양한 목적을 가진 댐으로 막혔다. 그 영향으로 대부분의 하천 퇴적물이 댐 후면의 인공 저수지에 정체되면서, 하류로 가는 퇴적물 공급이 감소했고, 궁극적으로는 육지 표면에서의 퇴적물 생성이 수십 배 늘어났음에도 불구하고, 육지에서 해양으로 이동하는 퇴적물 공급량은 줄어들게 되었다. 국지적인 영향도 있다. 댐에서 하류로 방류되는 물의 힘이 커지면서, 일반적인 첨두 홍수의 강도가 감소했음에도 불구하고, 침식력은 증가했다. 댐에서 방류되는 물에 의한 하천 하각에 대해 기록한 많은 사례들이 있다. 또한 많은 하천들이 침식과 국지적인 홍수 발생에 대한 방책의 일환으로 유로가 조정되었다. 그러나 그 효과는 오히려 홍수력을 증가시키기도 하고, 홍수 문제를 하류 쪽으로 전이시키기도 했다.

오늘날 인간의 대규모 간섭의 대표적인 예는 중국 양쯔 강의 싼샤 댐 사업이다. 댐의 폭은 2.3km 이며, 기반암으로부터의 높이는 180m(하류의 하천수면으로부터는 110m)에 이른다. 싼샤 댐 호수는 상류로 600km에 이르며, 호안의 길이는 2,000km가 넘는다. 이 댐의 목적은 세 가지이다. 첫째, 급속히 발전하는 중국 경제를 지탱하기 위한 전력을 생산하고, 둘째, 양쯔 강 중류 지역의 인구밀도가 높은 곳에서 일어나는 만성적이고도 재앙을 가져오는 홍수 문제를 해결하며, 셋째, 상류 충칭까지 하운을 개선하기 위한 것이다. 장기적으로는 중국 북부의 만성적인 물 부족 지역에 수자원을 공급한다는 점도 중요하다. 물론 이러한 목적들이 모두 충족될 것인지는 좀 더 지켜볼 문제이다. 이 사업에 의해 직접적으로 영향을 받는 150만 명의 주거 이전 문제도 있다. 그 결과로 지형 변화에 미치는 영향도 심대할 것이다. 토사는 호수에 퇴적될 것이다. 양쯔 강 협곡의 급경사 호안 지대는 이미 엄청난 재앙의 산사태를 경험하고 있다. 전체적인 유수 체계는 하류 삼각주까지 대략 2,000km에 이르는데, 이러한 체계가 홍수력과 이에 수반되는 퇴적물 이동을 조정하면서 일어나는 변화의 영향도 있을 것이다.

세계의 많은 지역의 해안 환경은 사빈 보호용 돌제, 해안 방벽, 그 밖의 다른 해안 방비 구조물들과 같은 토목 사업에 의해서도 변형된다. 그 영향은 부분적으로 퇴적 해안의 일부에 퇴적물을 감소시키고, 이로 인해 사빈 침식과 경우에 따라서는 해안단애 침식이 재발되는 원인을 제공한다.

21세기의 초반인 오늘날, 인간 간섭에 의한 환경 변화에 가장 잠재력이 큰 것은 지구온난화이다. 이는 지형 변화를 포함하여 모든 환경 체계에 영향을 미칠 것이다. 기후변화의 직접적인 영향은 기온 체계의 변화이고, 이것은 지형 체계에도 많은 영향을 미친다. 이미 고위도에서의 해양 빙산과 빙하의 후퇴가 경고 수준에 이르고 있다. 영구동토의 해빙도 아극권의 지표면과 사면 안정에 영향을 미치고 있다. 보다 중요한 변화는 강수량 체계에 대한 영향이다. 가뭄이 발생할 확률이 증가하고 폭풍우의 강도가 증가할 가능성도 높아졌다. 이들 두 가지는 사면 및 하천 형성 과정에 영향을 미친다. 지구온난화의 영향으로 허리케인의 발생과 강도가 증가할 수도 있다. 태평양의 해양 순환에 있어서 '엘니뇨'와 '라니냐' 변동도 강화될 가능성이 있다. 이들은 중남미와 동남아시아, 오스트레일리아의 강수량 패턴에 영향을 미친다. 세계의 해안에서 지구온난화의 결과로 야기되는 해수면 상승은 엄청난 재앙을 가져올 것이다. 고도가 낮은 지역의 범람 가능성과 분명하게 보이는 인류에게 닥칠 결과와는 달리, 소규모의 해수면 상승도 많은 해안을 침식 해안으로 만들 것이다. 지구온난화의 잠재적인 영향을 이해하고 희망적인 대처를 위해 환경 계획에서 모든 지형 체계의 취약성을 고려할 필요가 있다.

6.2 응용 지형학

지형학은 여러 방법으로 사회와 상호작용을 한다. 특히 자연재해, 자원 관리, 환경 보전과 관련된다. 따라서 모든 지형학 연구는 이들 이슈로 방향을 잡아야 할 것이다. 지진과 화산 활동과 같은 지형적으로 야기되는 재해에 더하여, 지형 형성 과정으로 인한 재해도 중요하다. 이들은 홍수 재해로서 전 지구적으로 가장 심각한 환경 재해이다. 일차적으로 수문학적 재해이지만, 잠재적인 영향에 대처하기 위해서 때로는 하천 지형학을 이해할 필요가 있다. 홍수 재해는 광범위한 범람원에 둘러싸인 저지대에서 특히 심각하다. 암설추나 선상지에서 흘러내리는 암설류 홍수와 연관된 산지 재해도 중요하다. 지난 20년 동안 알프스와 피레네 산맥에서는 상당수의 재해가 발생했다. 산지 지역은 또한 대규모의 산사태에도 취약하다. 특히 식생이 제거되면서 산사태의 가능성은 더욱 높아졌다. 그 영향은 매우 큰데, 특히 부적절한 토지이용은 산사태 취약 지점을 만들고 있다. 단기간의 재해는 아니지만, 토양 침식도 심각한 전 지구적인 환경 문제로서 지형학의 여러 영역에서 연구의 대상이 된다.

자원 및 환경 관리도 응용 지형학적 지식이 적용될 수 있는 중요한 영역이다. 효과적인 해안 관리를 위해서는 해안 지형학의 이해가 요구된다. 건설 산업에 필요한 모래와 자갈 등 골재 자원에 대한 평가는 하천 퇴적 역사에 대한 이해를 필요로 하며, 북부 유럽과 북아메리카의 많은 지역에서는 하천성빙하(fluvioglacial) 형성 작용에 대한 이해도 필요하다. 지형학적 지식은 자원 관리는 물론 국지적인 환경에서의 자원 추출의 영향에 대한 평가에도 역할을 한다. 사실 대부분의 서구 국가들에서 광산 채굴 혹은 일반적인 개발과 도시개발 모두에서 환경영향평가(Environment Impact Assessment) 는 필수적인 조건이 되고 있다.

환경 보존 지역을 계획하고 관리하는 데에도 지형학의 역할이 중요하다. 미국과 같이 기본적으로 야생 국립공원이나 특정 생물학적, 지질학적 혹은 지형학적 중요성을 가진 보존 지역에서 지형학을 이해하는 것은 자연환경의 효과적인 보존을 위해서 중요하다.

응용 지형학의 많은 영역들이 정부 기관들에 의해 지정되고 있으나, 가끔 직업적 엔지니어 혹은 계획가들에 의해서도 이루어지며, 많은 기본적인 연구들은 지형학자들에 의해 수행되고 있다.

6.3 교육과 연구에서의 지형학

지형학의 이해는 과학 그 자체로도 중요하지만, 위에서 언급한 것처럼, 환경과 환경 자원의 효과적인 관리와도 연관이 있다. 따라서 지형학 교육은 중요한 역할을 한다. 1장에서 지적한 대로, 학술 과목으로서의 지형학은 지리학과 지질학 사이에 위치한다. 대부분의 유럽 국가에서 지형학 강의는 중등학교와 대학교 모두에서 일차적으로는 지리학의 영역이다. 미국의 대학 수준에서 지형학 강의는 지질학 전공에서 중시되고 있지만, 대부분 지리학 전공에서 개설되고 있다.

이러한 패턴은 연구 영역에서도 분명히 드러난다. 유럽, 특히 영국, 프랑스, 독일, 스칸디나비아 국가들에서는 대부분의 대학 수준의 지형학 연구가 지리학과 또는 자연지리학과에서 수행되며, 상당한 부분은 정부 지원으로 이루어지고 있다. 영국의 체계를 물려받은 국가들, 오스트레일리아, 뉴질랜드, 캐나다 등에서도 상황은 비슷하다. 에스파냐의 대학들에서는 지리학 및 지질학 배경의 지형학 연구가 공존한다. 이탈리아의 대학들에서는 공학자들과 지질학자들이 지형학 연구를 주도한다. 미국에서는 지질학과가 주도하지만, 상당한 연구 결과들은 지리학과에서 나오고 있다. 어떤 국가들에서는 정부기관이 일차적인 지형학 및 연관 분야 연구를 수행하고 있으며, 때로는 정부가 고용한 과학자들에 의해서, 때로는 대학의 학자들과의 계약에 의해서 수행되고 있다. 예를 들면, 미국에서는 미국지질조사국(United States Geological Survey, USGS)이 이 분야에서 중요한 역할을 한다. 프랑스에서는 국립과학연구소(Committee National de Resherrches Scientifiques, CNRS)가 그 역할을 하고 있으며, 이와 비슷하게 오스트레일리아에서는 연방과학원(Commonwealth Scientific and Industriaol Research Organization, CSIRO)이 이를 수행하고 있다.

이들 연구가 응용 연구와 환경 관리인 경우에는 주로 정부기관에 의해서 수행되며, 일부는 개인 자문 회사에서 수행하기도 한다. 연구자들은 학술 영역, 특히 공학 혹은 지질학에서 배출되지만, 지형학에서의 기초 연구에 의존한다.

지형학 연구는 다양한 과학 학술지에 발표된다. 이들 중 상당 부분은 지질학에서 나오며, 일부는 통합 영역에서 나온다. 국제적으로 저명한 지형학 전문 학술지로는 *Earth Processes and Landforms*(지구 형성 과정과 지형)과 *Geomorphology*(지형학)가 있다. 지형학 발전을 위한 전문 학술단체와 전문 기관들도 있다. 국제지형학회(International Association of Geomorphology)가 대표적이다. 이들은 각 국가의 지형학회와 연계되어 있는데, 그중에는 영국지형학회(British Society for Geomor-phology; 과거 영국지형학연구연합, British Geomorphological Research Group)가 있으며, 왕립지리학회(Royal Geographical Society)와 지질학회(Geological Society)와도 연계되고 있다. 미국에서는 미국지질학회(Geological Society of America)와 미국지리학회(Association of American Geographers)가 지형학 분과를 두고 있다. 미국지구물리학연합(American Geophysical Union)에서도 지형학을 다룬다.

현재의 상황은 고정된 것이 아니다. 과학 과목으로서의 지형학은 앞으로도 계속 발전할 것이며, 일반 대중의 환경에 대한 인식에 따라 대학 조직에서의 지형학에도 변화가 있을 것이다. 지형학 내에서도 학제 간 연구의 필요성이 증대되고 있다. 과학자들의 연구에 영향을 줄 새로운 기술도 개발되고 있다. 예를 들면, 원격탐사, GIS의 적용, 컴퓨터 기반의 모형화 등은 지형학 연구에서 중요하게 다루어지고 있다. 환경 모니터링의 새로운 기법들, 보다 진보되고 복잡한 연대 측정 기술 등도 지형학 연구에 중요한 역할을 한다. 이들은 전통 기반의 연구와 병행하면서 요구되는 응용 분야이다.

대학에서는 학제 간 연구체가 나타나고 있는데, 예를 들면, 지구과학 혹은 환경과학 등이다. 과거 지형학을 다룬 단일 학과들이 결합하여 지형학 발전에 보다 기여할 수 있도록 해야 할 것이다. 연구비 지원도 응용 연구를 강조하는 방향으로 변화하고 있다. 환경에 대한 대중의 인식이 증대된다면, 완전히 불리한 것은 아닐 것이다! 무엇보다도, 현재의 상황은 역동적이다. 지형학은 건강하다. 지형학은 폭넓은 국제적 기반을 가지고 있으며, 우리의 자연환경을 이해하기 위한 역할도 증대되고 있기 때문이다.

Appendix

더 읽을거리·용어해설

본서의 집필 의도는 교재가 아니다. 여기에는 고등학교에서부터 대학 수준, 그리고 연구 수준에 유용한 교재들을 제시하고 있다. 여기에는 출간된 지 50년이 넘으면서도 계속 읽히고 있는 고전들을 소개한다. 또한 대학 수준 지형학의 다양한 주제별 교재들이 나와 있다(특히 하천, 빙하, 열대, 해안 지형 등). 매우 개인적인 선별이지만 가장 유익하다고 생각되는 자료들을 소개한다.

고전적 저술

Flint, R.F., 1971, *Glacial and Quaternary Geology*, Wiley, New York. 전통 있는 빙하 지형 교재이다.

Leopold, L.B., Wolman, M.G. and Miller, J.P., 1964, *Fluvial Processes in Geomorphology*, Freeman, San Francisco. 하천 지형학의 보다 발전된 교재로서 기본적으로 방법론에서 주제로 전환하고 있다.

Thornbury, W.D., 1954, *Principles of Geomorphology*, Wiley, New York (2nd edn, 1969). 전통 있는 미국의 교재이다.

고등학교 교재

Hilton, K., 1979, *Process and Pattern in Physical Geography*, University Tutorial Press. 영국의 기본 교재이다.

Strahler, A.N., 1975, *Physical Geography* (4th edn), Wiley, New York. 미국의 가장 기본적인 교재이다.

대학 수준 교재

Ahnert, F., 1996, *Introduction to Geomorphology*, Arnold, London. 종합적인 대학 수준의 교재.

지형 체계를 강조하고 있다.

Summerfield, M.A., 1991, *Global Geomorphology*, Pearson Educational, for Prentice Hall, Harlow. 종합적인 교재. 특히 전 지구적 규모의 접근에 유용하다.

백과사전

Goudie, A.S., (ed.), 2004, *The Encyclopaedia of Geomorphology*, Routledge, London. 종합적인 사전. 국제지형학회와 공동으로 발행하였다.

영역별 저술(일부 사례만을 선별)

Bird, E.F.C., 1984, *Coasts an Introduction to Coastal Geomorphology*, Blackwell, Oxford.

Bull, W.B., 1991, *Geomorphic Response to Climatic Change*, Oxford University Press, Oxford.

Keller, E.A. and Pinter, N., 2002, *Active Tectonics: Earthquakes, Uplift and Landscape*, Prentice Hall, New Jersey.

Knighton, D., 1984, *Fluvial Forms and Processes*, Edwald Arnold, London.

Lewin, J., (ed.), 1981, *British Rivers*, Allen and Unwin, Hemel Hempstead.

Schumm, S.A., 1977, *The Fluvial System*, Wiley, New York.

Selby, M.J., 1982, *Hillslope Materials and Processes*, Oxford University Press, Oxford.

Sugden, D.E. and John, B.S., 1976, *Glaciers and Landscape*, Edward Arnold, London.

유용한 웹사이트

www.geomorphology.org 영국지형학회(British Society for Geomorphology).

www.geosiciety.org 미국지질학회(Geological Society of America).

www.rock.society.org 미국지질학회와 연계된 미국제4기학회(American Quaternary Association)의 사이트도 유용하다.

www.qra.uk 제4기학회[Quaternary Research Association(of the UK)]. 학회 답사 안내 자료를 제공한다.

www.usgs.gov 미국지질조사국(US Geological Survey). 기후 및 토지이용 변화, 자연재해, 원격탐사, 물 등의 주제와 연계된 사이트들도 유용하다.

www.nps.gov 미국국립공원관리국(US National Parks Service). 미국 국립공원의 지질 자원, 지형에 대한 연계 사이트들을 포함한다.

www.goescape.nrcan.gc.ca 캐나다 정부 사이트로 캐나다의 북부 지역, 기후변화, 자연재해(홍수 지형학과 홍수 경관 등 포함)에 대한 정보를 제공한다.

www.ga.gov.au 오스트레일리아 정부 사이트로 자연재해(홍수 포함)와 해양 및 해안 환경 등에 관한 정보를 제공한다.

그리고 다양한 규모에서의 지형 사진과 위성 이미지를 제공하는 다수의 웹사이트들이 있다. 예를 들면, 다음과 같다.

www.disc.sci.gsfc.nasa.gov 미국항공우주국(NASA) 위성 이미지 모음집.

www.uvm.edu/~goemorph/gallery 주제별로 정리된 지형 사진의 초대형 모음집.

구글어스(Google Earth)도 지구의 전 지표면에 대한 위성 이미지를 제공하는 거대한 자원이다.

Glossary · 용어해설

가속질량분석기(Accelerator Mass Spectrometry, AMS) 탄소연대 측정 참조. ⋯→ p.148

가수분해(hydrolysis) 이온 교환을 포함하는 화학적 풍화 과정. 화강암의 광물질 풍화에서 중요한 기능을 한다. ⋯→ p.83

각력암(breccia) 각진 자갈 크기의 암편으로 구성된 퇴적암. 각력암화(brecciation)는 풍화 작용에 의해 기반암이 파쇄되어 만들어진 각력 파편이 각력암을 형성하는 현상을 말한다. 성숙한 석회각(calcrete)에서 일반적으로 나타나는 현상이다. ⋯→ p.148

감입곡류(incised meander) 기반암층을 하각한 곡류. 하각에 대한 반응은 조륙 융기에 의해 발생하는 경우가 많다. ⋯→ p.152

강도와 빈도 개념(magnitude and frequency concept) 사건의 빈도와 강도 간의 상관관계(전체적인 지형 활동을 표현). 1960년대 울먼과 밀러(Wolman and Miller)에 의해 처음 도입되었다. ⋯→ p.22

거력 점토(boulder clay) 분급이 불량한 빙하성 퇴적물(빙퇴석, till)을 지칭하는 고전적인 용어. 거력에서 점토에 이르기까지 모든 크기의 입자들을 포함하고 있다는 의미이다. 일반적으로 이봉(bimodal) 분포를 가지며, 현재는 '미고결 빙력암 diamicton'과 같은 의미로 사용된다. ⋯→ p.123

거초(fringing reef) 산호초 참조. ⋯→ p.137

건설적 판 경계대(constructive plate boundary) 열곡 현상이나 해저 확장 등에 의해 새로운 지각이 만들어지는 두 개의 판 경계. 중앙해령과 일치한다. 주요 현무암질 화산 활동이 발생하는 지역이다(예: 중앙 대서양 해령). ⋯→ p.24

격자상 하계망(trellis, trellised drainage) 직각상의 하계망 패턴으로, 보다 약한 암석 노두와 평행하는 적종하 하계망의 발달에 의해 형성된다. ⋯→ p.65

고토양(paleosol) 과거에 형성된 후 더 이상 토양화가 진행되지 않은 토양. 지표면에서는 유물 토양이 되며, 보다 젊은 토양 아래에 있을 때는 '화석(fossil)' 토양이 된다. 고토양은 과거 환경에 대한 유용한 지표가 되며, 지표면의 상대연대를 측정하는 데 많이 사용된다. ⋯→ p.48

곡류 하도(meandering channel) 단일의 물길로 이루어진 충적 하도. 평면도를 보면 방향을 바꾸면서 일련의 연속된 굽이를 가진다. ⋯→ p.107

곡률도(sinuosity) 곡류 하도상의 두 지점 간 하도 길이와 직선 길이 간의 비율. 일반적으로, 곡률도가 1.5 이상이면 곡류로 간주된다. ⋯→ p.107

교결피각(duricrust) 토양층 내의 소금 퇴적층이 노출되면서 형성된 저항성 강한 덮개암(caprock). 반건조 및 건조 지대에서는 '석회각(calcrete, $CaCO_3$)', 건조 및 초건조 지역에서는 '석고각(gypcrete; 경석고, gypsum anhydrite, $CaSO_4$ n H_2O)', 계절적으로 습윤과 건조를 반복하는 열대 지대에서는 라테라이트(laterite) 등의 퇴적이 나타난다. ⋯→ p.86

구조토(patterned ground) 두 가지 형태가 있는데, 모두 영구동토대 환경적 특징들이다. (1) 얼음 쐐기에 의해 형성되는 다각형 구조. 단면도를 보면 얼음 쐐기 주물(cast)로 표현된다. (2) 다각형 내에서 암석들의 분화가 일어난다. 사면의 경사도에 따라 다각형(polygon), 화환형(garland), 줄기형(strip) 등으로 분화한다. 암설과 매트릭스 간의 열적 특성의 결과로 활동층의 계절적인 재동결이 일어나는 동안에 나타난다. 단면을 보면 토양파상(involution)으로 표현된다. ⋯→ p.81

권곡(cirque) 산지 빙하 체계의 머리 부분에서 빙하빙에 의해 침식되어 만들어진 사발 모양의 저지. ⋯ p.22

규질각(silcrete) 교결피각 참조. ⋯ p.86

그루스(grus) 화강암의 화학적 풍화 산물. 변화가 거의 없는 석영 입자, 운모 박편, 그리고 풍부한 점토광물 등으로 이루어져 있다. ⋯ p.85

기반암 하도(bedrock channel) 기반암을 하각하여 들어간 하천 하도. 하천력(stream power)이 매우 강하여 운반물의 퇴적이 일어나지 않는다(충적 하도와 대조됨). ⋯ p.103

기복, 유효 기복(relief, available relief) 지형 형성 과정이 작동하는 범위에서의 지형 높이의 범위. 하위 기복 한계는 국지적 기준면에 의해 결정된다. ⋯ p.16

기저류(baseflow) 홍수류와 반대되는 개념. 건조한 날씨에서도 지하수 흐름에 의해 하천 흐름이 유지되는 경우이다. ⋯ p.31

기준면(base level) 지표 상의 침식에서 보다 낮은 고도 한계. 저항성이 강한 기반암이 있거나, 주요 곡저 상에 놓일 때 국지적인 기준면이 나타나며, 지역적으로는 해수면의 고도가 된다. 기준면의 하강은 하계망 하각의 주요 원인이 된다. ⋯ p.56

냅스(nappe) 파괴적 판 경계대에서의 산맥 형성 과정에서 형성된 전진적 스러스트 과습곡(forward–thrusted overfold). 알프스와 같은 복잡한 산맥을 형성한다. ⋯ p.63

노출애면(free face) 기반암 노출 사면(절벽). 일반적으로 경사가 심하며, 기계적 풍화와 암설 낙하가 주된 형성 작용이다. ⋯ p.89

녹설층(colluvium) 산포적(diffuse)인 토양 침식 혹은 토양 포행 과정을 통한 산록 하단부에 퇴적되는, 분급이 양호하지 못한 미립질 퇴적물. ⋯ p.100

단구, 하안단구(terrace, river terrace) 하도가 하각을 하면서 남겨진 과거의 범람원. 하천의 현재 범람원보다 높은 곳에 위치하면서 평탄면을 가진다. 일련의 연속된 단구들은 평탄면으로 이루어진 계단을 형성한다. ⋯ p.73

단사(單斜, uniclinal) 지질층 혹은 암석층에서의 단일한 방향의 경사면(다른 말로 표현하면, 설명 가능한 규모상에서 경사면에 습곡이 없는 상태). ⋯ p.62

대륙사면(continental slope) 심해평원으로 흘러내리는 대륙붕의 하단 말단부. ⋯ p.36

대륙지각(continental crust) 해양 지각에 비해 보다 두껍고, 가벼운 지각으로 주로 석영질이 풍부한(화강암질) 암석으로 이루어져 있으며, 해양 분지에 비해 고도가 높은 대륙을 형성한다. ⋯ p.24

대륙붕(continental shelf) 대륙지각으로 이루어진 대륙의 경계부. 해수에 잠겨 있으며, 깊이는 대략 200m 정도까지이다. 대륙붕의 대부분은 해수면이 낮아진 플라이스토세 빙하기 동안 대기 중에 노출되어 있었던 영역이다. ⋯ p.36

덮개암(caprock) 저항성이 강한 층. 저항성이 강한 암석층 혹은 교결피각으로 이루어져 있으며, 산지 정상부 혹은 단애면에서 그 아래에 있는 연약층이나 침식에 약한 층을 침식으로부터 보호해 준다. 단애면 아래로는 오목형 사면 지형을 보여 준다. ⋯ p.59

도약(saltation) 바닥(유수 과정에서의 하천) 혹은 표면(바람에 의한 모래 입자)을 따라 운반되는 물질과 흐름(유수 과정에서의 물과 풍성 과정에서의 공기)에서의 부유 운반 물질 사이의 중간 단계의 퇴적물 운반. 유수와 풍성 두 과정 모두에서 입자의 크기는 모래 정도이다. 개별 모래 입자는 일련의 연속된 '뜀(leap)'으로 움직이는데, 그럼에도 바닥이나 표면에서 멀리 나아가지는 않고, 완전히 부유하지도 않는다. 보다 대규모이고 수심이 깊은 하천의 홍수에서처럼, 즉 에너지가 매우 큰 경우 보다 큰 물질들이 도약 상태로 이동된다. ⋯ p.119

돌리네(doline) 석회암 지역의 카르스트 지형에서 지표면 하부의 용식에 의해 형성되는 일반적으로 둥근 형태를 가지는 소규모의 함몰지. 지표면을 흐르는 하도가 지하로 들어가는 통로(얕은 구멍)를 제공한다. ⋯ p.60

동토 교란(cryoturbation) 토양 혹은 풍화토(regolith)의 서릿발 작용(frost action)에 의한 교란. 특히 영구동토대 상층의 활동층(active layer)에서 계절에 따른 재동결 시에 잘 일어난다. ⋯ p.81

동결융해 풍화(freeze-thaw weathering) 암석의 균열 혹은 층리면을 따라 형성되는 얼음에 의한 암석의 기계적인 풍화. 동결 상태에서 물이 얼어 팽창하면서, 압력을 가해 암석을 약화시킨다. 결과적으로 암석을 파쇄하여 각력의 암편을 생산한다. ⋯ p.42

동적 평형(dynamic equilibrium) 투입(예: 퇴적)과 산출(예: 침식)이 균형을 이루면서 지속적으로 일정한 지형이 유지되는 평형의 상태. ⋯ p.32

동체평원(etchplain) 열대의 심층 풍화 과정에서 지표면의 저하로 만들어진 평원. 광대한 면적의 평원 혹은 고원 지표면을 형성한다. 독일 지형학자들에 의해 제3기 말 서부 유럽에서 만들어진 광대한, 소위 침식면을 만들게 된 주요 메커니즘에 대한 논란이 되었다. ⋯ p.71

두부 퇴적(head deposits) 주빙하성 사면 퇴적물. 각진, 신선한 풍화 암설들이 세립질의 매트릭스에 들어 있다. 솔리플럭션 과정에 의해 사면 하부에 퇴적된다. ⋯ p.45

드럼린(drumlin) 완만하고 길게 늘어진 낮은 빙하성 언덕. 빙하의 이동 방향에 따라 빙하 하부 퇴적이 일어나고 완만하게 다듬어진 지형이다. ⋯ p.128

라테라이트(laterite) 교결피각 참조. ⋯ p.88

라하르(Lahar) 화산 분출에 의해 제공되거나 증폭되는 암설류. ⋯ p.97

뢰스(loess) 대륙 규모의 플라이스토세 빙상의 말단 부근에 누적된 풍성 실트. ⋯ p.48

루미네선스 연대 측정(luminescence dating) 매몰된 퇴적물 내에 있는 석영 혹은 장석 결정은 배후의 이온화된 방사능을 흡수한다. 이 방사능은 특별한 장치가 된 실험실에서 자극을 주면 루미네선스 형태로 방출된다. 루미네선스는 태양광에 노출되면 날아가 버린다. 루미네선스 신호는 매몰된 시간에 비례하여 증가하는 것으로, 태양광에 퇴적물이 마지막으로 노출된 순간 이후의 시간을 측정하는 데 유용하다. 이 방법은 석영과 장석 성분이 풍부한 사질성 퇴적물 연대 측정에 성공적으로 적용되어 왔다. 특히 풍성 혹은 하천 환경에서 나온 퇴적물에 유용하다. 이러한 환경은 운반 과정에서 태양광에 노출된 후 급속한 매몰과 퇴적이 이루어질 수 있기 때문이다. 시간적으로는 지난 10만 년 내외로 플라이스토세 말기 연대 측정에 적용될 수 있다. 대부분의 방사능 반감기 방법이 이 시간 규모를 넘어서 측정할 수 있는 것과는 대조적으로 루미네선스 연대 측정법은 어느 연대 전후 시간대보다는 퇴적 시기 자체를 알려 준다. ⋯ p.149

만년설(firn) 눈과 얼음 사이의 중간 단계. 근본적으로 기포(air bubble)의 존재로 인해 하얀색을 띠는 빙하빙을 말한다. 다짐과 재동결이 진행되면 진성의 빙하빙으로 변하게 된다. ⋯ p.122

망상 하도(braided river channel) 다중의 물줄기들로 이루어진 하도. 사력퇴와 식생 피복의 하중도 등에 의해 하도들이 여러 물줄기로 분리된다. 높은 에너지를 가진 운반물들이 많은 하천이다. 낮은 에너지 하천과 비교하면 형태와 활동에 있어서의 차이는 경사도가 낮고, 뻘이 많은 편이며, 보다 안정적이고, 합류 하도(anastoming channel)의 특징을 가진다. ⋯ p.108

맹그로브(mangrove) 열대 해역에서 염분을 허용하는 관목림. 낮은 에너지의 열대 해안 환경의 해수에 뿌리를 내린다. 일단 정착되면, 계속 미립질 퇴적물을 붙잡는 활동을 한다. ⋯ p.137

모레인(moraine) 두 가지 의미가 있다. (1) 빙하에 의해 빙하의 표면에서 운반되는 상층 모레인(supraglacial moraine), 빙하 내부에서 운반되는 중간 모레인(englacial moraine), 빙하 주변에서 운반되는 측방 모레인(lateral moraine) 등이 있다. 두 개의 빙하가 만나는 장소에서는 중앙 모레인(medial moraine)이 되며, 빙하의 기저부에서는 기저 모레인(subglacial moraine)이 나타난다. (2) 모레인 퇴적에 의해 형성되는 지형으로, 빙하 전면 끝자락에서는 말단 모레인(terminal moraine), 빙하가 후퇴하는 동안에도 계속 유지되는 후퇴 모레인(recessional moraine), 빙하의 측면에 형성되는 측방 모레인 등이 있다. ⋯ p.123, 128

무침식대(belt of no erosion) 우곡 침식을 수행하는 사면에서 능선을 이루는 지대(악지형 지대). 분수계 근처 사면 상단부에서 발생하는 유량이 불충분하면 흐름의 교란을 일으키고, 따라서 침식 유발을 위한 전단력이 불충분한 경우에 만들어진다. 포상류에 의한 침식과는 또 다른 형성 과정들이 지배적이다. 예를 들면, 습윤과 건조를 통해 표면 균열이 발생하고, 바람에 의해 입자들이 제거되며, 화학적 작용도 일어난다. ⋯ p.90

민감도, 지형적 민감도(sensitivity, geomorphic sensitivity) 임계치 한도를 넘는 사건의 발생 빈도와 임계치 초과에서 원래의 체계로 회복하는 데 걸리는 시간(회복 시간, recovery time) 간의 관계. '민감한' 경관은 회복에 긴 시간이 걸리며, 상대적으로 '튼튼한' 경관은 회복이 빠른 경관이다. ⋯ p.23

밀란코비치 순환(Milankovitch cycle) 지구의 공전 궤도 특성의 주기적인 변화. 이심률(eccentricity) 주기 96,000년, 지축경사(obliquity) 주기 40,000년, 세차(precession) 주기 21,000년을 모두 결합한 것이다. 1920년대 밀란코비치가 주창하였다. 제4기 기후변동이 이들 주기들의 결합된 효과와의 관계를 어느 정도 설명해 줄 수 있지만, 이들 주기가 전 지구적 기후에 미치는 영향에 대한 정확한 매커니즘은 아직 불확실하다. ⋯ p.21

바닥하중(bedload) 하천 퇴적물 운반의 한 요소. 하상 바닥에 근접하여 끌리거나, 바닥 근처에서 도약 등으로 운반되는 방식. 유량 가운데서 부유에 의해 운반되는 부유하중과 구분된다. 바닥하중은 전체 운반물 중에서 보다 조립질을 이룬다. 모래, 자갈, 큰자갈, 거력 등이다. ⋯ p.101

바르한(barchan) 반달 모양의 모래 사구 지형. 탁월풍에 면하여 부드러운 '배후' 사면을 가지고, 풍하 사면에서는 급사면의 반달형 사태 사면을 가지며, 양팔 모양으로 뻗어 내린다. ⋯ p.120

방해석(calcite) 약산성(빗물, 부식산)에 잘 녹는 광물(탄산칼슘, CaCO₃). 석회암의 주요 구성 광물로, 석회암 용식 지형(카르스트) 지역의 주요 광물이다. ⋯ p.60, 84

배사(anticline) 아치 형태로 기반암 층리가 습곡을 이룬 형태. 중심에 있는 상부층(젊은 층)이 침식에 의해 제거되면서 배사가 파열되면, 아래에 있는 보다 오래된 지층이 노출된다. ⋯ p.62

범람원(floodplain) 충적 하도에 인접한 평탄한 평원으로 충적 퇴적물로 구성되어 있다. 범람원 표면은 충적 하도의 범위를 한정한다. ⋯ p.109

변곡점(knickpoint) 상류 쪽으로 작용하는 하각에 기인하는 하천 종단면에서의 계단 혹은 경사 급변점. ⋯ p.103

변성암(metamorphic rock) 열과 압력에 의해 그 구성물이 급격히 변한 암석. 원래의 암석은 화성암이나 퇴적암이다. ⋯ p.57

병행/연계(coupling/connectivity) 퇴적물 계단에서 서로 다른 요소들 간의 연계성. 특히 사면-하도 동반성은 산지 사면에서 하도 체계로의 퇴적물 이동의 효율성을 표현한다. 지류-합류점, 상류-중류-하류의 동반성은 하도 체계의 서로 다른 부분 간의 연결성을 표현한다. ⋯ p.100

보존적 판 경계대(conservative plate boundary) 지각의 창조나 파괴가 일어나지 않는 두 판의 경계. 여기서 두 판은 주요 단층 혹은 단층 체계를 따라 각각 반대 방향으로 평행하게 움직이는 경향을 가진다. 대규모 지진 피해를 잘 일으킨다(예: 미국 캘리포니아의 산안드레아스 단층, 터키의 아나톨리아 단층 등). ⋯ p.26

보초(barrier reef) 해안 외해에서 해안과 평행하게 발달하는 산호초. 석호 영역에 의해 해안과 분리된다. ⋯ p.137

보클뤼즈 스프링스(Vauclusian spring) 카르스트 지역에서의 지하 하천의 지표 용천. 프랑스 남부 지역의 보클뤼즈 지역에서 이름을 따왔다. 이 지역은 석회암 대지 지역으로 주변에 여러 지하 하천들이 솟아나고 있다. ⋯ p.60

복합반응(complex response) 스탠리 슘(Stanley Schumm)에 의해 제시된 지형 체계 관련 용어. 상반되는 경향을 유발하는 변화에 대한 반응을 말한다. 예를 들면, 흐름 체계에 변화가 일어나면 지금까지는 망상류로 이루어진 하도에 하각이 일어나 단일성 하도 체계로 변하게 되고, 충분한 퇴적물이 공급되면 현재의 단일성 하도가 하류로 갈수록 다시 망상 체계로 변하게 된다. ⋯ p.23

부유하중(suspended sediment load) 하천 바닥에 거의 인접하여 운반되는 바닥하중과 반대로, 유수 중간층에 부유하여 운반되는 미립질 퇴적물을 말한다. ···→ p.101

부적합 하도[misfit(underfit) stream] (일반적으로) 현재의 곡류 충적 하천 하도로서 규모가 더 큰 곡류 계곡에 맞추어져 있는 하천. 현재의 곡류의 형태가 현재의 흐름 조건에 맞추어져 있음을 의미한다면, 보다 큰 대규모 곡류 계곡들은 과거의 보다 더 큰 유량에 맞추어진 것이다. 이러한 논의에 따르면 현재의 곡류는 충적 범람원에서 이동성 곡류 체계를 이루고, 침식과 퇴적에 의해 충분히 조정된다. 반면에 곡류 계곡이 침식 지형이 되면서 기반암을 하각하면, 현재의 조건에 맞춘 조정이 불가능하다. 이들은 (명백하게) 대규모 하천 유수 사건들의 누적 효과를 보여 준다. ···→ p.104

부정합(unconformity) 하나의 집합체를 이룬 지질구조를 절단하는 침식면으로 그보다 더 젊고 덜 변형된 층에 의해 매몰된다. ···→ p.67

빙퇴석(till, glacial till) 실트 혹은 점토질 매트릭스 속에 조립질의 암편들로 이루어져 있으며, 분급이 불량한 편이다. [거력 점토로 불리기도 한다. 현재는 미고결 빙력암(diamicton)으로도 불린다.] 빙하 하부에 퇴적되는 퇴적 빙퇴석(lodgement till), 빙하 가장 자리에 퇴적되는 융해 빙퇴석(meltout till) 등이 있다. ···→ p.123

빙하구(moulin) 빙하의 표면에서 깔대기 모양의 수직으로 내려가는 통로. 빙하 상층의 융빙수가 빙하를 통과하는 통로이다. ···→ p.123

빙하 상부 모레인(supra-glacial moraine) 모레인 참조. ···→ p.123

사막 포도(desert pavement) 자갈로 된 사막 지표면[자갈 포도로도 알려져 있으며, 오스트레일리아에서는 기버(gibber), 중동에서는 레그(reg)로 불린다]. 기반암 혹은 자갈 지표면의 기계적 풍화에 의해 형성된다. 바람에 날리는 실트의 퇴적과 함께 이루어지는데, 이들은 종국에 자갈층 아래에 묻히게 된다. ···→ p.81

사막 피막(혹은 암석 피막, desert vanish, rock vanish) 사막 환경에서의 산화철 혹은 산화 망간 등에 의한 암석 표면의 피막. 노출 표면은 어두운 갈색에서 흑색(철과 망간 성분)을 띠며, 묻혀 있는 면은 붉은 색(철 성분)을 띤다(특히 사막 포도에서). 박테리아 활동에 의해 형성된 것으로 추측된다. 피막의 정도는 노출 시기에 비례하여 증가(피막의 색깔이 짙어짐)한다. ···→ p.148

사브카(sabkha) 건조한 환경에서의 염 퇴적물 연관 지형. 아라비아 용어이다. 해안의 석호에 퇴적된 해안 사브카, 내륙의 저지에 퇴적된 내륙 사브카(예: 사구 저지) 등이 포함된다. ···→ p.126

사빈암(beachrock) 탄산칼슘에 의해 고결된 사빈 모래. 조간대 내에서 혹은 열대 해안 바로 위에서 형성된다. ···→ p.136

산두르(sandur) 아이슬란드 용어. 전면 빙하 하천에 의한 빙하성 하천 유출로 이루어진 자갈 퇴적층. 망상 하도의 분류들로 덮인 자갈 평원을 형성한다. ···→ p.124

산호초(coral reef) 산호(coral) 군락을 이루는 해안 '폴립(개체)'이 분비한 탄산칼슘의 외골격으로 산호암을 형성한다. 폴립은 온난하고 탄산이 풍부한 열대 해역에서 살며, 깊이 수십 미터까지 내려가며, 해수면을 향해 산호초를 쌓는다. 해수면 위로 노출되면 산호는 죽게 되면서 산호암을 남긴다. 산호초는 해안 주위에 거초(fringing reef), 해안에서 어느 정도 바다 쪽으로 나가서는 보초(barrier reef), 그리고 현재는 침강한 섬 주위에 둥글게 형성된 환초(atoll) 등의 형태를 가진다. ···→ p.137

산화와 환원(oxidation/reduction) 산소의 첨가/유실에 의한 것으로 암석 풍화와 토양 형성에 중요한 화학적 풍화. 특히 철이 풍부한 환경에서 중요하다. 제1철 및 제2철 성분 간의 전환을 포함한다. ···→ p.83

석고각(gypcrete) 교결피각 참조. ···→ p.88

석영(quartz) 이산화규소(SiO_2)로 일반적인 암석 구성 광물. 산성 화성암에 풍부하다. 물리적으로 강하고 화학적으로 거의 활성이 없는 편이다. 따라서 풍화 순환 동안에도 강하게 견디면서, 퇴적암에 풍부하게 들어간다. 일차적으로는 모래를 이루며,

다음으로 사암을 형성한다. ··· p.84

석회각(calcrete) 방해석으로 이루어진 각질층(indurated layer). 토양생성적 석회각은 탄산칼슘이 지표 아래로 침투하여, 반건조 지역에서와 같이, 지속적인 토양수가 부족한 지역에서 Bk층과 K층과 같은 지표면 바로 아래층에서 어느 정도 침전되면서 형성된다. 노출 상태가 되면 이러한 층들은 각질로 변하게 되며, 각력암화(brecciation)나 재교결화(recementation)와 같은 일련의 복잡한 과정을 수행한다. 이들은 각질층 혹은 덮개암(caprock)을 형성한다. 그러나 이와 유사한 지역에서, 지하수면 바로 위에 토양층이 발달한 지대 혹은 수직 침투력이 감소하는 지역에서는 지하수 석회각(underground calcrete)이 형성된다. 교결피각 참조. ··· p.87

석회암 포도(limestone pavement) 석회암만으로 지표면이 이루어짐. 일반적으로 층리면과 일치하며, 여기서 상부에 있는 암층이 (일반적으로) 빙하 작용으로 제거되면, 용식 지형이 분명히 드러난다. ··· p.60

선상지(alluvial fan) 원추 혹은 준원추형의 퇴적 지형. 급사면의 하천이 산지 유역 범위를 벗어나는 곳에서 퇴적된다. 산록 완사면 혹은 지류 합류 지점 등에서 흔히 나타난다. 일반적으로 건조한 지역에서 보편적이지만, 실제로는 모든 기후 조건에서 나타난다. 규모는 수십 미터에서 수십 킬로미터로 다양하다. 퇴적 작용은 암설류에서 하천 작용까지 다양하며, 포상류와 하도류 작용을 보여 준다. ··· p.113

선행하(antecedent drainage) 활성적 습곡 구조를 가로지르는 하계망. 배사 습곡에서 가장 뚜렷이 나타난다. 하천 하도 하각률이 습곡 융기율을 따라 잡을 때 나타난다. 결과적으로 하계망 패턴은 산지 구조를 횡단한다. ··· p.68

설식(nivation) 적설 뭉치와 관련된 동결융해에 의한 기계적 풍화. ··· p.42

섭입대(subduction zone) 파괴적 판 경계에 위치한 지대로서, 해양지각이 대륙지각 아래로 강제적으로 섭입하는 지대. 섭입된 지각은 궁극적으로 맨틀에 재흡수된다. ··· p.25

세류 침식(rill erosion) 포상류(overland flow)에 의한 사면에서의 침식. 표면류(sheetflow)가 표면을 긁기 시작하면서 얕은 하도들을 만들어 낸다. 사면 자체를 보면 거의 동일한 경사도를 가진다. 이들 하도는 경사를 따라 내려가면서 우곡으로 유입된다. 세류 하도는 하부층을 침식하고, 사면 경사보다 낮은 경사를 가진다. ··· p.90

소모(ablation) 빙하빙의 상실. 일차적으로 빙하 표면의 융해에 의해 일어남. 그러나 빙하 내부와 기저부의 융해도 포함된다. 수증기로의 직접적인 승화도 있다. ··· p.123

소성한계(plastic limit) 미립질(일반적으로 점토질) 퇴적물 혹은 토양에 함유된 수분량의 한계로, 그 이하가 되면 소성 흐름이 발생하게 되는 수분량. ··· p.93

소와 여울(pool and riffle) 단일한 물길의 충적 하천 하도를 따라 깊은 곳과 얕은 곳이 교대하는 것. 그 간격은 하도의 폭에 따른다. 3차원적(이차의) 유로 세포(flow cell)에 의해 유지되며, 그 세포 자체가 소와 여울 연속체를 통한 곡류 형성의 도구이기도 하다. ··· p.107

솔리플럭션(solifluction) 사면 흐름 과정(flowage process)에 의한 미교결 물질의 느슨한 매스무브먼트를 정의하는 데 개략적으로 사용되는 용어. 보다 엄격하게 한정하면, 주빙하나 영구동토 환경에서 활동층의 사면 이동을 의미한다. ··· p.45

수리기하학(hydraulic geometry) 1950년대 레오폴드와 매독에 의해 정리된 관계식. 하천 하도에서 하천 유량, 하천 폭, 하천 깊이, 유속, 그리고 다른 수리적 운반 및 퇴적물 운반 변수들 간의 관계식을 말한다. ··· p.32

수문곡선(hydrograph) 시간에 대한 하천 유량 간의 관계에 대한 도표. ··· p.29

수지상 하계망(dendritic drainage) 무작위적인 지류들을 가진 하계망 체계. ··· p.65

수평단층(transform fault) 지구조 판 내에서(다른 판의 이동에 있어서 다양한 이동률을 가짐) 혹은 두 판 사이(보존적 판 경계)에서의 대규모 수평적 이동. ··· p.26

수화 작용/탈수 작용(hydration/dehydration) 물질의 화학 구조에서 물을 흡수하거나 탈수하는 과정이 포함된 풍화 과정. ⋯ p.83

순상지(shield) 대륙의 '중심' 영역. 일반적으로 변성암으로 이루어져 있으며, 오래전(선캄브리아기)에 형성되었다. 이와 같이 상대적으로 지구조적으로 안정된 지역은 현생대 이래 판 경계로부터 멀리 떨어져 있다(예: 캐나다 순상지, 발트 순상지). ⋯ p.40

식생 카르스트(phytokarst) 산을 지닌 조류(algae)에 의해 강화된 카르스트적 용해. 일반적으로 열대 혹은 아열대 석회암 해안, 혹은 이러한 해안에서 노출된 산호암에서 잘 나타난다. ⋯ p.136

신지구조적(neotectonic) 지구조 운동을 지속하는 과정으로 주요 산계 형성 단계 후에도 계속되는 지구조 운동 특성. ⋯ p.73

심성암(plutonic rock) 대규모로 지층 깊이 자리 잡은 화성 관입에서 천천히 결정화되는 화성암. ⋯ p.80

심해평원(abyssal plain) 해양저의 중요 부분을 차지함. 상대적으로 완만한 평원을 형성하며, 대륙붕, 해구, 화산 열점 등에서 멀리 떨어져 있다. ⋯ p.36

아레테(Arete) 칼날 모양의 산릉. 두 개의 권곡에서 발달하여 급경사의 각 측벽이 교차하면서 만들어진다. ⋯ p.128

아로요(arroyo) 에스파냐어로 단순히 하천을 의미하지만, 지형학에서는 특별한 의미를 가지는데, 일시적으로 불연속적인 하각에 의해 만들어진 하도를 말한다. 곡저 선형 우곡으로도 불리며, 미국 남서부에서 흔하게 발달한다. 과목, 기후변화, 혹은 본질적인 불안정성 등이 아로요 발달에 상당한 기여를 한다는 점이 쟁점이다. ⋯ p.93

악지형(badland) 집중적으로 우곡이 발달한 산지 사면. 특히 건조한 지역에서 고결이 약하고, 침식에 취약한 이회토 혹은 셰일암으로 이루어진 곳에 잘 나타나며, 일반적으로 식생 피복이 거의 없거나 전혀 없는 상태이다. 일반적으로 세류와 우곡 유로 집중도가 매우 높은 특징이 있다. 지역에 따라 악지형 발달은 과도한 인간 간섭에 의한 토양 침식의 결과로도 나타난다. ⋯ p.90

안식각(angle of rest) 공급된 암설들이 안정된 상태를 취하는 최대 퇴적 사면의 각도. ⋯ p.89

암설류(debis flow) 교결이 안 된 암석들과 퇴적물들이 덩이를 이루어 다양한 분량의 수분을 함유하면서 사면 아래로 이동하는 현상. 때로는 우곡에서 일어난다. 그 기원은 사면 상실(slope failure), 혹은 단순한 우곡 내부의 퇴적물이다. 이동은 일반적으로 심한 강수에 의해 유발된다. 퇴적의 형태는 암설류 둥근머리(lobe)를 이룬다. 소규모의 급사면 유역에서 형성되는 선상지의 중요 구성물이다. 인간 생활과 취락에 매우 위험하다. 특히 화산 활동에 의해 유발되는 암설류인 라하르(lahar)의 경우, 위험도가 대단히 크다. ⋯ p.96

암편(clast) 암석 조각. ⋯ p.89

압력완화 절리[pressure release (offloading) joint] 기계적 풍화의 주요 형태. 표면과 평행한 절리로서, 침식에 의한 완화나 상부의 두꺼운 빙하가 융해되면서 일어나는 암석의 탄성적 반응에 의한다. ⋯ p.80

압력 융해점(빙하)[pressure melting point(of glacial ice)] 빙하빙이 녹는 압력과 온도의 결합. 온난 기저(temperate-based) 빙하와 한랭 기저(cold-based) 빙하를 구분하는 것은 하부 빙하에서 중요하다. ⋯ p.122

애추(scree/talus) 노출된 암석이 기계적 풍화를 받아 생성되는 각진 암편으로 이루어진 퇴적 사면. 애추 사면은 입자들의 안식각에서 퇴적을 이룬다. ⋯ p.89

액성한계(liquid limit) 미립질 퇴적물(일반적으로 점토) 혹은 토양에서 배출되어 액체로 흘려보내는 수분량. ⋯ p.93

야르당(yardang) 기반암이나 교결된 표층 퇴적물을 가진 건조 지역에서 풍식에 의해 형성된 지형. 대체로 불규칙하고 어느 정도 하천에 의한 선형을 가진 지형이다. ⋯ p.118

양배암(roche moutonnee) 빙하 침식에 의해 완만해진 암석 노두. 빙하빙을 맞이하는 부분은 완만해지고, 빙하빙이 흘러내리는 부분은 불규칙하다. 이것은 암석 지형을 올라타서 흘러내린 빙하에 의해 '뜯긴(plucking)' 결과이다. ⋯→ p.126

얼음 쐐기(주물)[ice-wedge(cast)] 구조토 참조. ⋯→ p.81

에스커(esker) 빙하 퇴적 지형에서 모래와 자갈로 이루어진 불규칙한 선형의 능선. 과거 빙하 하부의 하천의 흐름 방향을 보존하고 있다. ⋯→ p.128

역암(conglomerate) 둥근 중간 크기의 자갈(pebble to cobble) 암편으로 구성된 퇴적암. ⋯→ p.151

역전 기복(inverted relief) 높은 고도의 지형이 구조적으로 낮은 부분과 일치하거나 그 반대로 낮은 지형이 높은 지형이 되는 기복. 향사능(synclinal ridge)과 배사곡(anticlinal valley)이 대표적이다. ⋯→ p.62

연륜연대학(dendrochronology) 나무의 나이테를 이용한 연대 측정 기법. ⋯→ p.146

연안이동(longshore drift) 사빈 해안에 평행한 퇴적물 이동. 기울어져 들어오는 파랑의 접근에 의해 만들어지는데, 사취(sand spit)와 같이 해안선에 평행한 퇴적 지형을 형성하기도 한다. ⋯→ p.135

염생 습지(salt marsh) 낮은 에너지의 해안 지대, 하구 혹은 사취 등에 의해서 파랑 작용으로부터 보호된 지대이다. 뻘이 퇴적되어 개펄을 이룬 곳으로 염분을 허용하는 식생이 군락을 형성한다. 이곳의 식생은 다시 퇴적화를 강화시킨다. ⋯→ p.136

염풍화(salt weathering) 건조 지역 혹은 해안 지역에서 기반암과 암석의 간극이나 공극에 염 결정체가 들어가서 유발되는 기계적 풍화. ⋯→ p.81

영구동토(permafrost) 토양층 깊은 곳이 영구적으로 얼어 있는 상태. 표면층(활동층, active layer)은 여름 동안에 융해되고, 가을에 다시 결빙한다. 표면 아래로의 재동결에 의해 야기된 압박으로 영구동토(주빙하) 환경의 전형적인 지형 특징이 나타난다(예: 구조토, 토양파상, 얼음 쐐기). ⋯→ p.42, 45, 94

용해(석회암 용식)[solution(of limestones, etc.)] 용해성 물질의 이온화와 용해 상태에서의 분리된 이온의 제거. 석회암은 빗물, 부식산(humic acid)과 같은 약산에 잘 용해된다. 석회암($CaCO_3$), 석고($CaSO_4$ n H_2O), 그리고 암염(halite, NaCl) 등이 일반적으로 용식이 잘되는 암석 혹은 광물이다(용식이 잘되는 순). ⋯→ p.60, 83

우곡(gully) 두 가지 형태가 있다. (1) 사면 우곡. 사면 하도를 하각한 것이다. (2) 곡저에서의 선형으로 하각된 하도(아로요, 참조). ⋯→ p.90

우곡 침식(gully erosion) 포상류에 의한 최고 수준의 사면 침식. 세류가 발달한 측사면으로부터 물과 퇴적물을 공급받는다. 우곡 침식이 광대한 면적에서 이루어지면 '악지형(badland)' 침식으로 불린다. ⋯→ p.90

우발레(uvula) 카르스트 지역에서 타나나는 대규모 용식 혹은 함몰 저지. ⋯→ p.60

우주기원 연대 측정(cosmogenic dating) 지구의 표면에 노출된 암석이 우주선(cosmic ray)을 쐬게 되면, 암석의 광물들과 상호작용을 하여 우주에서 만들어진 핵종(nuclide) 집합체(특히 ^{10}Be)를 만들게 된다. 이들 핵종은 점차 암석 내에 누적되는데, 암석 중심부로 갈수록 집적도가 줄어든다. 우주기원 연대 측정은 전문적 실험 절차를 거쳐 암석 단면 내부의 우주기원 핵종의 집적도를 측정한다. 따라서 암석 노출의 잠재적인 연대 측정이 가능하며, 노출의 방향과 노출의 역사에 대한 설명을 제공한다. ⋯→ p.149

유출(run-off) 개략적인 유역의 유량 발생량 혹은 평균적인 하천 하도 유수량. 보다 전문적으로는 포상류량을 말한다. ⋯→ p.29

윤회(rejuvenation) 기준면의 융기 혹은 상승에 대한 하천 체계의 반응. 하천의 하각과 하천 단면의 경사의 심화 등이 일어난다. ⋯→ p.56, 65

융기 해빈(raised beach) 과거의 보다 높았던 해수면과 관련된, 과거의 해안 퇴적물. 현재의 해수면보다 높은 곳에 위치한다. ⋯→ p.138

융해 퇴석(meltout till) 느슨하고 분급이 불량한 물질(일반적으로 거력 점토)로 이루어진 빙하 퇴적물. 지탱해 주던 빙하빙이 녹은 곳에 퇴적된다. ⋯ p.123

이동 유발각(angle of incipient movement) 이동 유발 한계점에 있는 산지 사면의 각도. 한계점에 이르면 암설들이 사면 상단부로부터 운반되거나 기계적 풍화에 의해 현장에서 생성되어 이동한다. 일반적으로 물질들이 안정된 상태에 있는 안식각(angle of rest)보다는 급하다. ⋯ p.89

인편 조직(imbricate fabric, 비늘상 조직) 암편(암석)이 하천을 따라 바닥하중으로 끌림에 의해 구르게 되면, 바닥과의 마찰로 안식을 가지게 되면서, 흐름의 반대 방향으로 완만하게 면상을 유지한다. 이것이 일반적으로 뜻하는 바는, 암편의 장축은 유수를 가로질러 눕지만, 암편의 주요 면들은(2차 및 3차 장축), 흐름 상류 방향으로 경사진다는 것이다. 이러한 방식으로 퇴적된 자갈층은 지붕의 기와 중첩과 유사하게 중첩된 더미 조직상을 보여 주는데, 암편은 상류 방향으로 경사지며, 경사도는 자갈층의 기저부 경사에 따른다. 자갈 해빈(shingle beach)에서와 같이, 이중 방향(bi-directional) 흐름의 경우에는 자갈층의 바닥과 보다 더 평행하는 경사 방향의 암편 조직을 가지는 경향이 있다. ⋯ p.105

임계치(지형 임계치, 내인적 및 외인적 임계치)(threshold, geomorphic threshold, intrinsic, extrinsic threshold) 지형 체계 혹은 부분적인 지형 체계 상태의 급격한 변화(예: 단일 하도의 곡류 하도에서 다중의 망상 하도로의 전환, 우곡이 없는 사면에서 우곡 사면으로의 전환, 퇴적적이고 안정된 하도에서 하각 하도로의 전환). 이러한 변화는 체계의 내적 특성에서 유발되는 경우가 많다. 특히 주로 순방향 피드백 작용(내인적 임계치)을 통해서 나타나며, 주변 환경 변화(외인적 임계치, 예를 들어 지구조적 변화, 기후변화, 혹은 토지이용 변화 등)에 의한 경우도 있다. ⋯ p.23

재종하 기복(resequent relief) 어떤 높이의 지형이 그 구조적인 높이와 일치하는 기복. 예를 들어, 지향사곡 혹은 배사능이 있다. ⋯ p.64

재현 주기(recurrence interval, return period) 유사한 크기의 사건(홍수, 지진)들이 다시 일어나는 평균적인(혹은 가장 확률이 높은) 시간 간격. ⋯ p.22

적재하(superimposed drainage) 필종하가 암석 표층을 하각하고 그 아래의 부정합면을 통과하여 다시 그 아래의 보다 오래된, 서로 다른 종류의 기반암을 하각하면서 새롭게 형성되는 하천 체계. 이 하천은 하부 기반암의 구조와 일치하지 않는 방향으로 흐른다. ⋯ p.67

적종하(subsequent drainage) 하부 기반암의 연약대 구조선을 따라 하도를 형성하는 하계망 방향. 이들은 일차적으로 하천쟁탈에 의해 기존의(필종하) 하계망의 방향을 변형시킨다. ⋯ p.65

빙하 주변(proglacial) 빙하나 빙상의 전면 지대. ⋯ p.123

전진 퇴적/전진 퇴적화(prograde/progradation) 퇴적 지형에서 흐름 방향으로의 퇴적 연장(예: 바다로 연장되는 삼각주). 혹은 선상지에 있어서 최대 거리의 퇴적 연장. ⋯ p.113

제방 붕괴(avulsion) 홍수 시 유로 전환과 월류에 의한 하도 변화. 하도에 인접한 배후습지, 범람원, 선상지 등을 범람하면서 때때로 원래의 하도가 버려지는 원인이 되기도 한다. 하류로 더 내려가면 새로운 하도가 원래의 하도에 다시 합류한다. 특별한 경우에 선상지 상에서 완전히 새로운 방향의 하계망이 나타나기도 한다. ⋯ p.109

조륙(후조산) 융기[epeirogenic(post-orogenic) uplift] 산맥 지역에서 과거 판구조 활동에 의해 형성된, 두터운 지각 지대에서의 지역적인 지구조적 융기(특히 미오신세에 유럽 알프스에서 섭입이 중단된 후, 플라이오세와 플라이스토세 동안 전체 지역이 융기되어 왔다). 여기에 더하여, 상승하는 맨틀 작용에 의해 지역적인 융기도 일어난다(특히 미국의 콜로라도 대지의 사례). ⋯ p.52

종결 빙하 지형(dead ice topography) 대규모 빙하빙이 원래의 빙하에서 떨어져 나가 '종결(dies)'되면서 형성되는 지형. 결과적으로 분급이 불량하고 교결이 약한 퇴적물로 이루어진 돌기 모레인이 만들어진다. ⋯ p.124

주빙하(periglacial) 대륙빙하의 빙상 주변 지역. 형성 과정에

적용되면, 영구동토대의 존재를 내포한다. ⋯→ p.27

주축 하도(axial channel) 선상지 상의 하도에 적용. 선상지 하도 상류 유역으로부터 공급되는 퇴적물을 유량과 선상지를 종단하면서 운반하는 하도. 보통 선상지 축의 중심에서 흐른다. 퇴적 분지에서도 '주축 하도'를 적용할 수 있다. 여기서는 선형적인 퇴적 분지의 축을 따라 흐르는 (주된) 하도를 의미한다. 분지 측방에서 분지 중심을 향해 흐르는 지류 하도와 반대 개념이다. ⋯→ p.113

준빙하(paraglacial) 빙하 쇠퇴에 따라 보다 증대된 지형 활동 시기. 빙하 쇠퇴에 의해 방출된 퇴적물의 재작용이 포함된다. ⋯→ p.47

준평원(peneplain) '침식 순환(cycle of erosion)'에서 최종 단계로 여겨진다. 안정된 기준면(base level) 방향으로 인접하면서 경사도 '하강(downwaring)'으로 형성된다. 현재 논란의 많은 용어이다. ⋯→ p.69

중간류(interflow) 과도한 토양수분이 토양층에 평행하게 배수되는 흐름(예: 과도한 토양 포장용수량). 급격한 중간류는 하천 흐름에서 홍수류에 기여할 수 있다. ⋯→ p.30

중앙해령(mid-ocean ridge) 보존적 판 경계 참조. ⋯→ p.24

증대/증대화(aggrade/aggradation) 퇴적물의 순 퇴적. 그 결과로 퇴적 지형 표면의 고도가 상승한다. 특히 하도, 범람원, 선상지 등에 적용된다. ⋯→ p.102

증발산(evapotranspiration) 열린 수체와 지표면 수분의 증발에 의해서, 그리고 식생에 의한 증산에 의해서 대기로 돌아가는 수분의 총체. ⋯→ p.28

증발암(evaporite) 염수체(saline water body)의 건조화에 따른 증발에 의해 형성된 화학적 침전 퇴적물. 특히 건조 지역의 플라야 호에서 잘 나타난다. 가장 보편적인 구성물은 탄산칼슘, 석고, 암염(halite) 등이다. ⋯→ p.88

지각평형(isostasy) 지각의 부력 작용에 의한 수직적 고도 변화. 두 가지 형태가 중요한데, 지각 평형 및 빙하 평형이다. 지각

평형에서는 판구조 운동에 기인한 지각이 두꺼워지는(crustal thickening) 지대는 상승하면서 높은 산맥을 만들거나, 고원을 형성한다. 침식으로 지탱할 하중이 줄어들면 조륙 융기가 일어난다. 빙하 평형에서는 빙하빙에 의한 하중은 지각을 침강시키며, 빙하가 녹게 되면 지각은 반등한다. 유사한 효과들이 해수의 질량에 의한 하중에 의해서도 만들어진다. ⋯→ p.24

지각평형적 해수면 변동(isostatic sea-level change) 육지면의 고도에서 지각평형적 변화에 기인한 상대적인 해수면 변화. 육지에서 후빙기 지각 반등에 기인한 상대적인 해수면 하강 측면에서 사용되기도 한다. ⋯→ p.48

지구조 작용(tectonics) 암석체의 변형과 융기를 포함하는 지각 형성 과정. ⋯→ p.17

지의류계측(lichenometry) 암설이나 암석 표면에 군락을 이룬 지의류의 규모를 측정하여 퇴적물(예: 모레인 혹은 하천 자갈 단구)의 연령이나 암석의 노출 시기를 측정하는 기법. (일반적으로) 성장률이 알려진 지의류를 사용한다. ⋯→ p.145

지층 경사(dip) 퇴적층의 기울어진 각도. 단사(單斜, uniclinal or monoclinal dip)는 일정한 방향으로 일정한 각도를 유지하는 경사이다. ⋯→ p.63

지하수(grounderwater) 지하수면 아래 저장된 물. 토양에 저장된 토양수분과는 대조된다. 침투에 의해 충전되고 용출에 의해 유출된다. ⋯→ p.31

지형 민감도(geomorphic sensitivity) 침식과 퇴적 발생의 빈도와 연관된 지표면의 회복 시간 간의 관계. 예를 들면, 민감한 경관은 교란 발생의 빈도와 관련하여, 식생의 재생을 통해 회복되는 시간이 느린 경관을 말한다. 튼튼한 경관은 교란 발생의 빈도에 비교하여 회복이 빠른 경관이다. ⋯→ p.23

지형 임계치(geomorphic threshold) 지형 혹은 경관에서의 침식 혹은 퇴적의 지위(status) 변화. 이것은 지형 형성 과정의 비율 혹은 방향 혹은 지형 자체에 바로 영향을 미치기도 한다 (예: 우곡이 없는 사면에서 우곡을 가진 사면으로의 전환 혹은 감입곡류에서 망상 하도 하천으로의 전환). 이러한 임계치는 메커니즘을 통하여 '내부적으로' 체계 내에서 일어나거나(예: 지

속적인 퇴적이 지역 하도 경사를 증가시키면, 그다음에 홍수가 방아쇠 효과에 의한 침식을 유발한다), '외부적으로는' 환경 변화에 의해 일어난다. 여기에는 식생 변화, 기후변화, 혹은 지구조 활동 등이 있다. ···→ p.23

직선형 사면(constant slope) 일직선으로 곧은 사면. 주로 사면 지형의 중간에 해당한다. 느슨한 물질들로 이루어져 있으며, 안식각을 이루고 있거나, 기반암 상에 느슨한 암편들로 이루어져 이동 유발각을 이룬다. ···→ p.99

질량 균형(빙하의)[mass balance(of a glacier)] 강설 누적과 빙하빙 소모 간의 관계. 빙하 이동의 비율과 빙하 전선이 위치를 좌우한다. ···→ p.123

차단(interception) 식생 피복에 의해 강수나 강설이 갇히는 현상. ···→ p.123

철각(ferrirete) 교결피각 참조. ···→ p.86

초(reef) 산호초 참조. ···→ p.137

충적물(alluvium) 크고 작은 하천들에 의해서 퇴적되는 퇴적물(sediment). 전형적으로는 실트와 같은 미립질이 우세하지만 다양한 크기의 입자들을 포함한다. ···→ p.106

충적 하도(alluvial channel) 주변이 충적물로 이루어진 하천 하도(특히 과거 하천 퇴적물로 퇴적된 곳). 이러한 하도의 형성 과정은 일반적으로 침식과 퇴적 간의 균형을 반영한다. ···→ p.104

취송 거리(fetch) 해안을 향한 외해의 범위. 취송 거리가 크면 높은 파랑 에너지의 잠재력도 크다. ···→ p.130

침식면(erosion surface) 이 용어는 두 가지 의미를 가진다. 퇴적학 측면에서는 상대적으로 소규모의 지형으로, 하부의 퇴적 구조의 횡단면을 가지는 침식 수평면을 의미한다. 대규모의 광역적 침식면은 전체 지질 구조의 횡단면이다. 이들 지질 구조는 고원 대지(upland plateaux)를 형성하기도 한다. 이 고원 대지는 '보다 오래된' 산지 지대로, 유럽의 '고원(upland)'과 같은 특징을 보인다. 고원의 기원에 대해서는 논란이 있다. 이들이 과거 준평원(peneplain), 페디먼트 준평원(pediplain), 해양

기원 침식면 혹은 동체평원(etchplain)이 융기된 것인지에 대한 것이다. ···→ p.71

침투능(infiltration capacity) 토양이 침투에 의한 수분을 흡수하는 비율. 토양수분, 토양 입자 크기, 공극 공간 등에 따라서 달라진다. 포상류(표면 유수)는 강우 강도가 침투능을 능가할 때 일어날 수 있다. ···→ p.28

카르스트(karst) 용식 지형을 설명하기 위한 것으로 슬로베니아의 '카르스트(Karst)' 지역에서 유래된 용어. 주로 석회암 용식에 사용된다. ···→ p.57

케임(kame) 융해에 의한 빙하빙의 붕괴와 같이 종결 빙하(dead ice)에 의해 퇴적된, 빙하성 하천(fluvioglacial) 모래와 자갈 둔덕(mound). ···→ p.128

케임 단구(kame terrace) 소멸해 가는 빙하빙과 계곡 말단부 사이의 공간에서 빙하 융해수에 의해 퇴적되는 모래와 자갈의 집합체. 이 지형은 종결 빙하의 최종 소멸의 특징을 보여 준다. ···→ p.128

케틀 와지(kettle hole) 괴상의 빙하체가 융해하면서 생긴 와지. 빙하기 동안 주요 빙상과는 분리되어 있었다. 결국 작은 둥근 호수가 되는데, 이를 케틀 호(kettle lake)라고 한다. ···→ p.128

코프예(kopje) 토르에 해당하는 아프리카 용어. 거력으로 이루어진 독립 구릉이다. ···→ p.85

킬레이트화(chelation) 점토 광물에서 금속 이온을 제거하는 화학적 풍화 작용. 토양 형성 과정은 물론 점토질 암석의 풍화에도 중요한 작용을 한다. ···→ p.83

타포니(tafoni) 쉽게 침식되는 내부보다 강한 저항성을 가진 (표면이 단단해진) 암석의 표면에서 일어나는 벌집 풍화. ···→ p.88

탄소연대 측정(Radiocarbon dating) 상층 대기로 유입되는 우주선들은 방사성 원자 ^{14}C를 생성한다. 이 원자는 즉시 산화하여 $^{14}CO_2$가 되며, 기존의 $^{12}CO_2$와 혼합되어 생물체 조직 형성 물질에 결합된다. 유기물이 죽어서 대기중으로 ^{14}C의 유입이 중단되면, 이 원소는 ^{12}C로 붕괴되면서 베타(Beta) 입자를

방출한다. 시간이 지나면서 방사능 활동 수준에 따라, 구성 비율이 낮은 ^{14}C는 감소하게 된다. 표준 방사능 연대 측정은 베타 입자 방출량에 의한 방사능 활동량을 측정하며, 현재 알려져 있는 ^{14}C의 방사능 붕괴 곡선에 따라 활동량이 계산된다. 전통적인 탄소연대 측정은 상당히 많은 양의 시료가 요구되는데, 대체로 3만 년 전까지 측정이 가능하다. AMS 방식은 다른 접근법을 사용한다. 전 처리 후에 시료가 입자가속기에서 가속되며, 개별 원자들의 수가 그 질량에 기초하여 계산된다. ^{14}C 원자의 비율이 확인되면 방사성 연대가 구해진다. 전통적인 방법에 비해서 소량의 시료로도 연대 측정이 가능하며, 신뢰성이 높은 연대 측정의 시간 규모가 상당히 연장이 될 수 있다. ⋯ p.148

테라셋(terracette) 소규모(높이 25cm 정도)의 경사진, 초지로 피복된 산지 사면. 사면의 등고선과 거의 평행하게 작은 계단 길이 형성되어 있다. 때때로 잘못된 의미로 '양의 길(sheeptracks)'로 표현되기도 한다. 이는 아마도 양들의 이동과 함께 초지 뗏장과 토양이 소규모로 미끄러지면서 만들어진 합작품인 경우가 많기 때문으로 보인다. ⋯ p.94

테일러스(talus) 애추 참조. ⋯ p.89

토르(tor) 산지 정상 혹은 계곡 측방에 서 있는 형태로 노출된 암석들. 일반적으로 기계적 풍화(압력이 제거된 후 절리 체계가 드러난 상태에서 동결융해 풍화에 의해 변형)와 화학적 풍화[암석의 주변이 삭아(rotting) 침식에 의해 제거되면서, 토르의 기본을 형성하는 핵석을 남김]의 결합에 의해 형성된다. 열대에서는(특히 아프리카) 유사한 지형을 코프예(kopje)라고 한다. ⋯ p.85

토양생성(pedogenic) 토양 형성 과정과 관련. ⋯ p.87

토양파상(土壤波狀, involution) 동토교란(cryoturbation)에 의해 만들어지는 것으로, 토양 혹은 풍화층이 파상의 형태가 된다. 계절적으로 영구동토대 위의 활동층이 재동결되는 동안에 만들어진다. ⋯ p.81

토양포행(soil creep) 토양의 느린(인지가 불가능한) 사면 이동. 중력에 의한 사면 이동의 결과이다. 토양의 습윤화와 건조화에 의한 부품(swelling)과 움추림(shrinking)에 대한 사면의 반응으로서 중력에 의해 이동이 유발된다. ⋯ p.94

퇴적물 계단(퇴적물 운반을 포함)[sediment cascade(including sediment transport)] 기반암의 퇴적에 의해 야기되는 사건과 운반 통로의 연속체. 이 단계는 일정한 지형 체계를 통한 침식, 운반, 퇴적 과정을 통해 이루어진다. ⋯ p.27

퇴적 빙퇴석(lodgemnet till) 빙하 혹은 빙상의 기저부에서 압축에 의해 퇴적된 거력 점토. 따라서 단단히 다져진 구조를 가진다. 빙하의 흐름 방향에 따라 암편이 정렬된 모습을 보여 준다. ⋯ p.123

퇴적암(sedimentary rock) 풍화, 침식, 운반, 퇴적의 순환을 통해 이동하는 물질(퇴적물)의 퇴적과 암석화에 의해 형성된 암석. 암석 조각으로 형성된 암편 퇴적암(예: 사암)과 화학적 풍화에 의한 침전물로 이루어진 퇴적암이 있다. ⋯ p.57

파괴적 판 경계대(destructive plate boundary) 섭입에 의해 지각이 소모되는 두 개의 지구조 판의 경계. ⋯ p.24

파식대[wave-cut platform(rock platform)] 대략 수평적인 해안 침식면으로 바다 쪽으로 부드럽게 경사져 있다. ⋯ p.132

파이프 침식(pipe erosion) 토양층 하부에서 일어나는 터널형의 침식. 악지형에서 특히 잘 나타난다. ⋯ p.91

판 경계대(plate boundary) 건설적, 보존적, 파괴적 판 경계대 참조. ⋯ p.24

페디먼트(pediment) 사면이 평행 후퇴하면서 형성되는 기반암 사면. 일반적으로 건조한 지역에서 잘 발달한다. ⋯ p.91, 99

페디먼트 준평원(pediplain) 광대한 영역으로 통합된 페디먼트 사면/단애의 평행적 후퇴에 의해 형성되는 침식면. ⋯ p.71

편년연속체(chronosequence) 연대 차이에 기인하여 주요 차이를 가진 토양들의 집합체. 지형 표면의 상대연령을 측정하는 데 유용하다. ⋯ p.145

포드졸(podzol) 한랭한 기온 환경에서의 산성 토양. 토층이 잘 발달하며, 표층에는 어두운 유기물층이 형성되고, 더 내려가면, 철 성분이 용탈되어 창백한 층이 나타나며, 더 아래에는 붉

게 착색된 집적층(illuvial horizon)이 나타난다. ⋯ p.87, 145

포상류(overland flow) 강수에 의해 발생한 지표 흐름이 과도하여 지표층이 포화되었을 때의 지표 흐름. ⋯ p.30, 90

포장용수량(field capacity) 중력에 대항하여 모세관력(capillary force)에 의해 토양 내에 유지될 수 있는 수분 함량. 토양수분이 포장용수량에 미치지 못하면, 하향 침투가 일어날 수 없다. 습윤 지역에서의 토양수분 함량은 포장용수량을 넘는 경우가 많고, 반면에 반건조 및 건조 지역에서는 포장용수량에 미치는 경우가 거의 드물다(토양수분 결핍). ⋯ p.30

포행(creep) 토양포행 참조. ⋯ p.94

폴리예(polije) 카르스트 지역에서 중규모에서 대규모까지의 용식 혹은 함몰지. ⋯ p.60

표면경화(case hardening) 건조 작용을 통한 침전에 의해 암석의 외곽층에 광물질이 집적되는 현상. 암석을 침식으로부터 보호한다. 표면경화는 타포니(벌집 풍화) 형성을 유도하는 경향이 있다. ⋯ p.88

표면 침식(sheet erosion) 포상류에 의해 야기되는 사면 침식. 표면에서 얇게 느슨한 물질들을 솎아 낸다. 이러한 물질의 솎음(winnowing)은 세류로 집중하는 흐름에 의한 결과이다. ⋯ p.90

풍성(aeolian) 풍성 작용과 같은 의미. 바람에 의한 퇴적물의 침식, 운반, 퇴적 작용을 총칭한다. ⋯ p.118

풍성암(aeolianite) 교결된 사구 모래. 일반적으로 탄산칼슘에 의해 교결이 일어나며, 대부분 온난하고 건조한 지역에서 형성된다. 더러는 과거 해안 사구가 화석화된 경우도 있다. ⋯ p.119

풍화(weathering) 기계적, 화학적 암석 파쇄. 암석 조각(암편), 화학적 변형 암석, 용해에 의해 제거되는 이온 등을 형성한다. 퇴적암 단계 형성에 있어 필수적인 작용이다. ⋯ p.27, 42, 80 ~88

풍화토(regolith) 풍화된 기반암과 토양의 상층부. ⋯ p.80, 93

플라야(playa) 일시적으로 형성되는 사막 호수. 일반적으로 건조한 상태에서는 '염반(鹽盤, salt pan)'을 형성한다. ⋯ p.88

피드백(양의, 음의)[feedback(positive, negative)] 외부에서 유래된 변화의 효과를 저지하거나(음의 피드백), 같은 변화의 효과를 증대하거나 강화하는(양의 피드백) 내부 체계의 메커니즘. ⋯ p.32

필종하(consequent drainage) 새롭게 노출되거나 지구조적으로 융기된 표면에 처음으로 형성된 하천. 하천의 방향은 원지형의 사면 방향을 따른다. ⋯ p.65

하계 밀도(drainage density) 하계망 면적에 대한 하도의 길이. 일반적으로 km/km²로 표시한다. 하계망 밀도는 악지형(badland)에서 매우 높고, 카르스트 지역에서는 매우 낮다. ⋯ p.91

하도 합류(anabranching) 다중 하도를 가진 형태의 모든 하천들의 총칭. 합류 하도와 망상 하도를 모두 포함한다. '합류(anastomosing)' 하도와 같은 의미로 사용하기도 한다. ⋯ p.109

하천쟁탈(river capture) 공격적인 하계망이 보다 오래된 하계망 하도를 두부침식으로 절단하여 쟁탈하는 것으로, 쟁탈된 하도를 새로운 유로로 전환시킨다. 쟁탈되고 남은 부분은 '최상류화(beheaded)'된다. 쟁탈 주체 하천이 주된 하도가 된다. 상류로 갈수록 전체 하천은 보다 낮은 국지적 기준면을 따라 윤회와 하각을 수행한다. ⋯ p.65

하천력(stream power) 하천에서의 침식과 퇴적물 운반에 유용한 에너지의 표현. 전체 힘(와트로 표현)은 유량과 경사도에 따라 증가한다. 단위 힘은 하도의 한 지점에서 유용한 힘을 말하며, 이는 깊이와 경사도에 따라 증가한다. 임계힘(critical power)의 임계치(threshold)는 1980년대 불(Bull)에 의해 정리된 것으로, 임계힘(공급된 퇴적물의 운반력)과 실질제 (단위) 힘 간의 관계를 표현한 것이다. ⋯ p.101

하천차수(order, as in stream order) 호턴에 의해 처음 제시되었고, 스트랄러에 의해 개정된 것으로, 하천의 지수 위계의 정도에 따라 하천 부분(segment)을 분류한 체계. 위로 더 이상

지류가 없는 최상류 지류를 1차수로 하고, 1차수들이 만나는 곳을 2차수, 2차수들이 만나면 3차수가 되는 방식이다. ⋯ p.68

합류 하천 하도(anastomosing river channel) 다중 하도 패턴. 상대적으로 안정되고, 전체 하폭에 비해 규모가 큰 하중도에 의해 분리된 준하도들(sub-channels)로 이루어진다. 합류 하도의 낮은 에너지 형태는 주로 뻘로 이루어지고, 퇴적물이 풍부한 특징을 가진다. 높은 에너지, 조립질 퇴적물, 망상 하도와는 구분된다. ⋯ p.109

해면 변동(eustasy) 해면 변동에 의한 해수면 변화(eustatic sea-level change)와 같은 전 지구적인 해수면의 변동으로, 빙하빙에서와 같이 세계의 수분을 저장하는 정도의 차이에 따라 발생한다. 해면 변동에 의한 해수면은 전 지구적 간빙기(현재와 같이)에 높았고, 빙하기에 낮았다. ⋯ p.48

해양지각(ocean crust) 대륙지각에 비해 얇고 밀도가 높은 지각. 주로 철, 망간이 풍부한(현무암질) 암석으로 이루어져 있다. ⋯ p.24

핵석(corestone) 원위치에서 기반암 풍화물에 의해 둘러싸인 상대적으로 덜 풍화된 거력. 일반적으로 크게 덩이를 이룬 심성암(특히 화강암)이 화학적 풍화를 받아 형성된 것이다. ⋯ p.85

향사(syncline) 받침 접시의 형태로 층리를 가진 기반암의 습곡상에서 낮은 부분. 습곡이 중앙에 위치한 상층(보다 젊은)의 암층을 능선으로 유지한다면, 이것은 역전 기복의 한 형태인 지향사 능선(synclinal ridge)으로 정의될 수 있다. ⋯ p.62

현곡(hanging valley) 주곡을 올라탄 형태로 측면에 발달한 지류곡. 일반적으로 주곡이 빙하의 침식 작용으로 과도하게 하각을 받은 결과이다. ⋯ p.128

현무암(basalt) 일반적인 화산암의 한 종류. 검은색이며 용암류로 발생하는 경우가 많다. 기본적으로 산성암 구성과 반대되며, 일부 장석과 함께 주로 철과 망간 광물(휘석과 감람석)들로 이루어진다. 냉각 시 균열이 발생하면서 육각형의 주상절리가 나타나는 특성을 보인다. ⋯ p.24, 84

협곡(canyon) 하천 계곡이나 심곡(gorge)의 개석에 의한 곡.

건조 지역에서 급격한 하방 개석의 특징을 보여 준다. ⋯ p.103, 152

형태학(morphometry) 지형의 특징인 기복, 면적, 규모, 형태, 경사 혹은 다른 지형의 특성(예: 사면, 유역, 하도, 선상지, 빙하 지형)을 측정하며, 이들 간의 관계를 분석하는 지형 영역. ⋯ p.68

혼란 하계(deranged drainage) 어떠한 조직적인 형태가 거의 혹은 전혀 보이지 않거나 지표면의 구조와도 연관을 가지지 못하는 불규칙한 하계망 패턴. 과거 빙하에 의한 퇴적이나 침식 지형의 특성을 반영한다. ⋯ p.68

홀로세(Holocene) 지질 시대에서 가장 최근의 시기. 대략 지난 1만 년 정도의 기간이며, 산소동위원소 연대로는 1, 대략 '후빙기' 기간이다. ⋯ p.21, 117

홍수흐름(급류)[floodflow(quickflow)] 하천 흐름의 한 유형. 기저류(baseflow) 유형과 대조되며, 표면의 급류에 의한 유량(포상류, overland flow) 혹은 급격하게 발생하는 융설수에 의한 급류의 중간류(interflow)로 발생한다. 수문곡선(hydrograph)상에서 홍수위를 형성하며, 하도 내에서 대세를 이루는 유수 작용(하천 충적층 침식, 퇴적물 운반, 특히 조립질의 운반, 자갈 기반의 퇴적 등)에 대한 반응이다. ⋯ p.29

화강암(granite) 조립질, 괴상의, 결정질 화성암. 주요 구성 성분으로는 석영, 정장석(K 풍부), 사장석(Na 풍부), 백운모(muscovite), 운모(mica), 그리고 흑운모(biotite)도 들어 있다. 지층 깊은 곳에서 심성암(plutonic rock)으로 형성되며, 대부분 화성암 관입(igneous intrusion) 형태로 올라온다. ⋯ p.84

화성암(igneous rock) 마그마의 결정에 의해 형성된 암석. 관입암과 같이 지각 내부에서 형성되거나 화산암과 같이 지표면에서 형성된다. ⋯ p.57, 84

환초(atoll) 원형의(평면상으로 볼 때) 산호초. 섬이나 해산(seamount) 주위에서 형성되며, 상대적인 해수면 상승에 의해 섬이 침강하면서 산호초가 원형으로 남아 형성된다. ⋯ p.137

활동층(active layer) 영구동토층 위의 층. 계절적으로 융해된다. 매스무브먼트 작용이 잘 일어나며, 겨울철 재동결이 일어나면서 내부에 차별적인 스트레스를 가하게 되어 구조토 형성을 유발한다. ⋯ p.81, 94

휼스트롬 곡선(Hjulstrom curve) 유수의 속도, 입자 크기, 퇴적물의 발생–운반–퇴적 간의 관계식. 1930년대 하천지형학자 휼스트롬이 제안하였다. ⋯ p.102